Birgit und Heinz Mehlhorn
Günter Schmahl

# Gesundheit für Zierfische

Parasiten erkennen und bekämpfen

Springer-Verlag
Berlin Heidelberg New York
London Paris Tokyo
Hong Kong Barcelona
Budapest

Birgit Mehlhorn (Studienrätin)
Prof. Dr. Heinz Mehlhorn
Lehrstuhl für Spez. Zoologie
und Parasitologie
Ruhr-Universität-Bochum
Universitätsstr. 150
W-4630 Bochum

Dr. Günter Schmahl
Lehrstuhl für Spez. Zoologie
und Parasitologie
Ruhr-Universität Bochum
Universitätsstr. 150
W-4630 Bochum

Mit 108 meist farbigen Abbildungen

ISBN 3-540-55535-8 Springer-Verlag Berlin Heidelberg New York

Die Deutsche Bibliothek – CIP-Einheitsaufnahme
Mehlhorn, Birgit: Gesundheit für Zierfische: Parasiten erkennen und bekämpfen /
B. Mehlhorn; H. Mehlhorn; G. Schmahl. – Heidelberg: Springer, 1992
ISBN 3-540-55535-8
NE: Mehlhorn, Heinz:; Schmahl, Günter

Dieses Werk ist urheberrechtlich geschützt. Die dadurch begründeten Rechte, insbesondere die der Übersetzung, des Nachdrucks, des Vortrags, der Entnahme von Abbildungen und Tabellen, der Funksendung, der Mikroverfilmung oder der Vervielfältigung auf anderen Wegen und der Speicherung in Datenverarbeitungsanlagen, bleiben, auch bei nur auszugsweiser Verwertung, vorbehalten. Eine Vervielfältigung dieses Werkes oder von Teilen dieses Werkes ist auch im Einzelfall nur in den Grenzen der gesetzlichen Bestimmungen des Urheberrechtsgesetzes der Bundesrepublik Deutschland vom 9. September 1965 in der jeweils gültigen Fassung zulässig. Sie ist grundsätzlich vergütungspflichtig. Zuwiderhandlungen unterliegen den Strafbestimmungen des Urheberrechtsgesetzes.

© Springer-Verlag Berlin Heidelberg 1992
Printed in Germany

Die Wiedergabe von Gebrauchsnamen, Handelsnamen, Warenbezeichnungen usw. in diesem Werk berechtigt auch ohne besondere Kennzeichnung nicht zu der Annahme, daß solche Namen im Sinne der Warenzeichen- und Markenschutz-Gesetzgebung als frei zu betrachten wären und daher von jedermann benutzt werden dürften.

Produkthaftung: Für Angaben über Dosierungsanweisungen und Applikationsformen kann vom Verlag keine Gewähr übernommen werden. Derartige Angaben müssen vom jeweiligen Anwender im Einzelfall anhand anderer Literaturstellen auf ihre Richtigkeit überprüft werden.

Redaktion: Sybille Siegmund, Heidelberg
Umschlaggestaltung: Bayerl & Ost, Frankfurt, unter Verwendung einer Illustration der Bavaria Bild Agentur GmbH, München
Herstellung und Innengestaltung: Bärbel Wehner, Heidelberg
Satz: Fa. M. Masson-Scheurer, Kirkel
Reproduktion der Abbildungen: Gustav Dreher GmbH, Stuttgart
Druck: Druckhaus Beltz, Hemsbach
Bindearbeiten: J. Schäffer GmbH & Co. KG, Grünstadt
27/3130-5 4 3 2 1 0 – Gedruckt auf säurefreiem Papier

# Vorwort

*Ist der Fisch nicht munter,
sinkt er ständig runter
oder wirkt er wie paniert,
ihn eine Parasitose ziert.*

Mehr als 2,5 Millionen Aquarianer erfreuen sich in Deutschland täglich an der Formenvielfalt und Farbenpracht ihrer oft seltenen und z. T. nur schwer nachzüchtbaren Zierfische. Die Gesundheit dieser Tiere, von denen 50 Arten im Bild vorgestellt werden, ist von einer Vielzahl von Parasiten bedroht, die sich häufig explosionsartig ausbreiten und dann in nur wenigen Tagen zum Tode ganzer Bestände führen können. Selbst schwacher Befall kann enorme Schäden bewirken, zumal Parasiten Eintrittspforten für **andere Erreger** wie Bakterien, Viren oder Pilze schaffen. Da in vielen Fällen das **rechtzeitige Erkennen** von Parasiten deren Bekämpfung ermöglicht und das Wissen um mögliche Übertragungsmechanismen die Übertragung völlig verhindern kann, wird in diesem Buch Anleitung zur schnellen Selbsthilfe geboten und gleichzeitig aufgezeigt, wo der Fachmann bzw. der Tierarzt herangezogen werden muß. So soll dem Aquarianer anhand von Farbfotos, Schemata, Tabellen und einfachen Bestimmungsschlüsseln die Suche nach Parasiten und deren richtige Diagnose ermöglicht werden. Im Text, der bei jedem Erreger jeweils in die Abschnitte **Fundort, Auftreten, Biologie und Merkmale, Übertragung, Symptome der Erkrankung, Diagnose, Vorbeugung** und **Bekämpfungsmaßnahmen** gegliedert ist, wird dann in übersichtlicher und anschaulicher Weise alles Notwendige zur Bekämpfung (bis hin zur Chemotherapie) von Parasiten zusammengestellt und auf den aktuellen Stand der Therapie, unter Einbeziehung eigener Untersuchungen, gebracht. Das so aufbereitete Wissen – durch einige nicht ganz ernst gemeinte Sinnsprüche im Stile W. Buschs aufgelockert – soll helfen, die Freude an Zierfischen für lange Zeit zu erhalten. Wie erfolgreich jede der empfohlenen Behandlungsmethoden sein kann, wird in einem eigenen Kapitel gezeigt, in dem ehemals im Handel gekaufte, parasitierte Vertreter der beliebtesten und auch schönsten 50 Zierfischarten des Süß- und Salzwassers im Bild dargestellt sind. Zusätzliche Tips für die Haltungsweise sollen helfen, die sprichwörtliche »Gesundheit des Fisches im Wasser« zu erreichen und dann auch zu erhalten.

Bochum                                                         Die Autoren

# Danksagung

Bei der Abfassung des Manuskripts und bei der Drucklegung des Buches in einer ansprechenden Form haben uns zahlreiche Personen mit Rat und Tat sehr unterstützt. Unser besonderer Dank gilt:

- Frau A. Hogendorf für die sorgfältige Textverarbeitung,
- Herrn J. Rawlinson für die Erstellung einiger Bunt- und aller Schwarz-Weiß-Abzüge,
- Herrn Priv.-Doz. Dr. H. Taraschewski für die Überlassung der Aufnahmen der Abbildungen 8.37, 8.50 und 8.56 A,
- Herrn F. Theissen für die Erstellung der Schemata.

Auch möchten wir es nicht versäumen, im Heidelberger Verlagshaus Herrn Dr. J. Wieczorek, Frau S. Siegmund, Frau B. Wehner und Frau I. Wittig ganz herzlich dafür zu danken, daß sie für eine ästhetische Gestaltung dieses Buches sorgten.

Bochum                                        Die Autoren

# Inhaltsverzeichnis

| | | |
|---|---|---|
| 1 | Was ist ein Parasit? .................... | 1 |
| 2 | Wann suche ich nach Parasiten? ........... | 4 |
| 3 | Wie unterscheide ich Parasiten von anderen Erregern? ................... | 11 |
| 3.1 | Viren ............................... | 13 |
| 3.2 | Bakterien ............................ | 14 |
| 3.3 | Pilze ............................... | 16 |
| 3.4 | Parasiten ............................ | 18 |
| 4 | Wo und wie suche ich nach Parasiten? ...... | 21 |
| 5 | Wie vermeide ich einen Parasitenbefall? ..... | 23 |
| 6 | Muß ich mich schützen? ................. | 27 |
| 6.1 | Viren ............................... | 27 |
| 6.2 | Bakterien ............................ | 27 |
| 6.3 | Pilze ............................... | 29 |
| 6.4 | Parasiten ............................ | 29 |
| 7 | Welche generellen Bekämpfungsmaßnahmen helfen gegen Parasiten? ................. | 30 |

# 8 Welche Parasiten gibt es und wie kann man sie bekämpfen? ......... 32

## 8.1 Parasiten der Haut und der Kiemen ......... 33
### A. Einzeller ......... 35
- 8.1.1 Kleiner bohnenförmiger Hauttrüber .. 35
- 8.1.2 Salzwasseroodinium ............... 37
- 8.1.3 Süßwasseroodinium ................ 39
- 8.1.4 Andere Dinoflagellaten ............ 41
- 8.1.5 *Trichodina*-Arten und Verwandte .... 42
- 8.1.6 Herzförmiger Hauttrüber .......... 45
- 8.1.7 Festsitzende Ciliaten ............. 48
- 8.1.8 Grieskörnchenkrankheit ........... 50
- 8.1.9 Seewasser-Ichthyo ................ 55
- 8.1.10 Weitere Ciliaten und Verwandte ..... 57
- 8.1.11 Mikrosporidien ................... 59
- 8.1.12 Myxozoa ......................... 60

### B. Würmer ............................. 64
- 8.1.13 Monogenea ....................... 64
- 8.1.14 Digenea ......................... 68
- 8.1.15 Fadenwürmer ..................... 72
- 8.1.16 Blutegel ........................ 78

### C. Krebse ............................. 81
- 8.1.17 Karpfenläuse .................... 81
- 8.1.18 Hüpferlinge ..................... 85
- 8.1.19 Asseln .......................... 89

### D. Wassermilben ........................ 91

## 8.2 Parasiten des Auges ..................... 92
- 8.2.1 Saugwurmlarven ................... 94
- 8.2.2 Bandwurmlarven ................... 96

## 8.3 Parasiten des Darms ..................... 96
### A. Einzeller ............................ 98
- 8.3.1 *Hexamita* und *Spironucleus* ......... 98
- 8.3.2 Diskusparasit .................... 100

|  |  |  |  |
|---|---|---|---|
| | 8.3.3 | Amoeben | 102 |
| | 8.3.4 | Coccidien | 103 |
| | 8.3.5 | Mikrosporidien | 106 |
| | 8.3.6 | Myxozoa | 107 |
| | B. Saugwürmer | | 107 |
| | C. Bandwürmer | | 109 |
| | 8.3.7 | Nelkenwurmkrankheit | 110 |
| | 8.3.8 | *Bothriocephalus*-Krankheit | 111 |
| | D. Fadenwürmer | | 113 |
| | 8.3.9 | Haarwürmer | 113 |
| | 8.3.10 | Askariden und Verwandte | 115 |
| | E. Kratzer | | 116 |
| 8.4 | Parasiten in der Leibeshöhle | | 118 |
| 8.5 | Parasiten im Blut | | 120 |
| | A. Einzeller | | 120 |
| | 8.5.1 | *Trypanosoma*-Arten | 120 |
| | 8.5.2 | *Trypanoplasma*-Arten | 122 |
| | 8.5.3 | Haemogregarinen | 123 |
| | B. Würmer | | 124 |
| | 8.5.4 | Saugwürmer | 124 |
| | 8.5.5 | Fadenwürmer | 127 |
| 8.6 | Parasiten in der Schwimmblase | | 127 |
| | 8.6.1 | Einzeller | 127 |
| | 8.6.2 | Fadenwürmer | 128 |
| 8.7 | Parasiten in der Muskulatur | | 129 |
| | 8.7.1 | Mikrosporidien | 130 |
| | 8.7.2 | Myxosporidien | 132 |
| | 8.7.3 | Wurmlarven | 133 |
| 8.8 | Parasiten im Nervensystem/Knochen | | 134 |
| | 8.8.1 | *Myxobolus cerebralis* | 134 |
| | 8.8.2 | Wurmlarven | 136 |

| | | |
|---|---|---|
| **9** | **Beliebte Zierfische nach der Behandlung** ..... | 137 |
| 9.1 | Süßwasserfische ........................ | 139 |
| 9.2 | Salzwasserfische ........................ | 161 |
| **10** | **Literaturhinweise** ........................ | 167 |
| **11** | **Sachverzeichnis** ........................ | 171 |

# 1 Was ist ein Parasit?

*Wer sich selbst nicht nähren kann,*
*schafft sich einen Ernährer an.*

50% der Jungfische sterben an Parasiten. Daher lohnt es sich, diesen Schädlingen nachzuspüren. Bei den in diesem Büchlein betrachteten Parasiten handelt es sich ausschließlich um tierische Organismen, die ihre Wirte (hier Fische) befallen, um ausschließlich von ihnen ihre Nahrung zu beziehen. Für den Befall (Infestation, Infektion) haben sie häufig sehr komplizierte Mechanismen entwickelt und sind daher oft auf eine oder wenige Wirtsarten angewiesen, an die sie sich besonders angepaßt haben. Nach dem heutigen Stand der Artenentwicklung kann grob zwischen **Ekto-** (*griech.* ektos – außen) und **Endoparasiten** unterschieden werden, je nachdem, ob sie auf der Oberfläche parasitieren oder in innere Organsysteme eindringen. Ektoparasiten können ausschließlich stationär (zeitlebens auf dem gleichen Fisch) auftreten (z.B. Kiemenwürmer, s.S. 64) oder temporär (nur für die Zeit der Nahrungsaufnahme) auf einem Wirt anzutreffen sein (z.B. Karpfenlaus, Milben, Blutegel, s.S. 78ff.). Der Weg zum Endoparasitismus dürfte wohl von solchen Ektoparasiten, die in den Darm und andere Körperhöhlen gelangten, beschritten worden sein, so daß heute faktisch alle Wirbeltierorgane (so auch bei Fisch und Mensch!) potentiell Heimstatt für Parasiten sein können.

Parasiten – so auch die Arten bei Fischen – können in ihrer Organisationsform einzellig (z.B. Ciliaten, s.S. 42) oder mehrzellig (z.B. Würmer oder Asseln, s.S. 89) strukturiert sein und gehören daher unterschiedlichen Tierstämmen an. Die **Schäden**, die Parasiten anrichten, sind allerdings unabhängig von ihrer Größe. Diese sog. pathogene Wirkung bzw. der Virulenzgrad hängen vom jeweiligen Status der Anpassung des Parasiten an den Wirt, dessen genereller Kondition bzw. seinen Abwehrmaßnahmen ab, so daß zwei verschiedene Fischarten völlig unterschiedlich auf **Vertreter** der gleichen Parasitenart reagieren können (s.S. 53). Dies findet seinen Ausdruck darin, daß z.B. oft nur Fische einer Art in einem Becken sterben, während die Individuen anderer Arten überleben. Generell läßt sich jedoch festhalten, daß Parasiten ihren Wirten (so auch Fischen) auf folgenden Wegen schaden können:

1. Sie zerstören Zellen und Organe mechanisch (z.B. Mikrosporidien, s.S. 59, Kiemenwürmer, s.S. 64).
2. Sie stimulieren Gewebe durch Dauerreiz zu Wucherungen (z.B. Kiemenwürmer, Darmwürmer, s.S. 64).
3. Sie entziehen als Nahrungskonkurrenten wichtige Stoffe (z.B. Band-, s.S. 109, Fadenwürmer, s.S. 72).
4. Sie entziehen Blut durch einen Saugakt (Blasenwürmer, s.S. 128, Blutegel, s.S. 78) oder zerstören rote Blutkörperchen (s.S. 123).
5. Sie führen durch die Abgabe von eigenen Stoffwechselprodukten zu generellen Vergiftungen (Intoxikationen; z.B. Blutparasiten, s.S. 120).
6. Sie können durch Zerstörung der Oberfläche oder innerer Gewebe Eintrittspforten für Bakterien, Pilze oder Viren schaffen, die dann ihrerseits zu schweren sog. Sekundärinfektionen führen.
7. Sie können durch generelle Schwächung die Abwehrkraft der Fische herabsetzen und sie so anfällig gegen Erreger jeden Typs machen.

Das Ausmaß dieser verschiedenen Schädigungen, die von einigen Parasiten durchaus gleichzeitig initiiert werden können, machen den **Virulenzgrad** des jeweiligen Parasiten aus, den er nach einer Attacke erreichen kann.

Der **Befallsmodus** eines Wirts ist bei jedem Parasitentyp unterschiedlich, aber stets – oft extrem artspezifisch – festgelegt. So können Parasiten

a) ihren Wirtsfisch selbst (schwimmend) aufsuchen (z.B. Flagellaten, Ciliaten, Blutegel, Karpfenläuse, s.S. 35, 42, 50, 81),
b) bei Körperkontakt im Schwarm von Fisch zu Fisch übertreten (Beispiele, s.o.),
c) mit der Nahrung aufgenommen werden, sei es, daß es sich um Dauerstadien (Wurmeier, Protozoencysten, Bandwurm, s.S. 102, 109, 113) im Wasser oder um Larvenstadien (Kratzer, Schwimmblasenwurm, s.S. 128) in Beutetieren (z.B. Kleinkrebsen, Asseln, Friedfischen) handelt.

Die Kenntnis dieser **Übertragungswege** ist für eine sinnvolle Bekämpfung unerläßlich, so daß in diesem Ratgeber bei der Darstellung jeder Parasitengruppe ausführlich darauf eingegangen wird. Immerhin erspart die Unterbrechung der Übertragungswege die Chemotherapie, da es gar nicht zur Infektion kommt.

# 2 Wann suche ich nach Parasiten?

*Die Fische wirken müde meist,
wenn der Wurm sie in die Kieme beißt.*

Parasitenbefall bei Fischen kann je nach Art des Erregers und unabhängig von der Fischspezies schleichend oder explosionsartig eskalieren, so daß dann binnen Stunden in einem Becken alle Fische (meist einer Art) sterben können. In jedem Fall treten jedoch eindeutige, äußerlich erkennbare Symptome auf. Jeder Aquarianer ist daher bei sorgfältiger Beobachtung seiner Lieblinge in der Lage, frühzeitig Anzeichen des Auftretens von Parasiten zu bemerken und entsprechende Maßnahmen einzuleiten. Die wichtigsten Symptome und ihre »Erreger« sind in Tabelle 1 zusammengestellt. Allerdings sind diese Merkmale nicht artspezifisch und oft nicht einmal nur auf Parasitenbefall zurückzuführen, so daß hier auch andere Erregertypen bzw. einige der wichtigsten Schadstoffe mit erfaßt wurden. Die endgültige Diagnose kann daher stets nur durch den tatsächlichen Erregernachweis (s. Kapitel 4, 8) erfolgen. Nur sie erlaubt die schnelle Einleitung von generellen (Kap. 7) oder spezifischen Bekämpfungsmaßnahmen (Kap. 8).

Aus den in der Tabelle 1 zusammengestellten Abnormitäten kann auch der ungeübte Beobachter die für seine Fische in Frage kommenden Erkrankungen eingrenzen und im Detail anhand der Beschreibung in Kapitel 8 überprüfen. Allerdings muß er sich klar sein, daß Änderungen im Verhalten, der Bewegung, der Atmung, in der Körpergestalt, der Farbgebung wie auch der Nahrungsaufnahme bzw. -abgabe stets mehrere, somit auch nichtparasitäre Gründe haben können und daher allen Möglichkeiten nachgegangen werden muß.

**Tabelle 1.** Äußerlich sichtbare Störungen des Allgemeinbefindens von Zierfischen

| System | Störung | Mögliche Ursachen |
|---|---|---|
| Bewegung | Schnellere Bewegung, Hin- und Herschießen | – Sauerstoffmangel<br>– Vergiftung durch Chemikalien (Pflanzenschutz-, Reinigungsmittel)<br>– Fehler in der Wasserzusammensetzung<br>– Karpfenläuse, s.S. 81 |
| | Taumelnde, drehende Bewegungen | – Pilzbefall (*Ichthyophorus*), s.S. 16<br>– Blutparasiten, s.S. 120<br>– *Ichthyophthirius*, s.S. 50<br>– Myxozoa, s.S. 60, 134 |
| | Schreckhaftigkeit | – *Hexamita*, s.S. 98, Karpfenläuse, s. S. 81 |
| | Scheuern an Steinen etc. | – Pilzbefall der Haut, s.S. 16<br>– Bakterienbefall der Haut, s.S. 14<br>– Hautflagellata, s.S. 35<br>– *Trichodina*, s.S. 42<br>– Kiemen- und Hautwürmer, s.S. 64<br>– Schuppenwürmer, s.S. 68, 76 |
| | Fische sinken zu Boden | – Parasiten der Schwimmblase, s.S. 127<br>– Fehler in der Wassertemperatur |

**Tabelle 1.** Fortsetzung

| System | Störung | Mögliche Ursachen |
|---|---|---|
| Bewegung | Fische stehen unter der Wasseroberfläche | – Myxozoa, s.S. 60<br>– Bandwurmbefall, s.S. 109<br>– Sauerstoffmangel, Vergiftungen des Wassers |
| | Apathie, Bewegungslosigkeit Fehlen des Fluchtreflex | – Blutparasiten, s.S. 120<br>– Kiemenparasiten, s.S. 33ff.<br>– Endphase vieler tödlich verlaufender Erkrankungen |
| Atmung | Luftschnappen, schnellere Atmung | – Sauerstoffmangel im Wasser<br>– *Oodinium*, s.S. 37, 39<br>– *Ichthyophthirius* bzw. *Cryptocaryon*, s.S. 50<br>– Myxozoa, s.S. 60, 134<br>– Kiemenwürmer, s.S. 64 |
| Erscheinungsbild, Gestalt | Abmagerung, Freßunlust, zurückbleibendes Wachstum | – *Nocardia*, s.S. 15<br>– Fischtuberkulose, s.S. 15, 28<br>– *Hexamita*, s.S. 98<br>– Amoeben, s.S. 102<br>– *Ichthyophthirius*, s.S. 50<br>– Darmcoccidien, s.S. 103<br>– Darmwürmer, s.S. 72<br>– Drachenwürmer, s.S. 76 |

**Tabelle 1.** Fortsetzung

| System | Störung | Mögliche Ursachen |
|---|---|---|
| Erscheinungsbild, Gestalt | Abmagerung, Freßunlust | – Blutegel, s.S. 78<br>– Ektoparasiten, s.S. 81 |
| | Rückgratverkrümmung | – Fischtuberkulose, s.S. 15, 28<br>– Myxozoa, s.S. 60<br>– *Camallanus* (Fräßkopfwürmer), s.S. 72<br>– Kratzer, s.S. 116<br>– Erbkrankheiten der Fische<br>– Endphase vieler Erkrankungen |
| | Aufblähungen | – Fischtuberkulose, s.S. 15, 28<br>– Darmbakterienbefall, s.S. 14<br>– Pilzbefall (*Ichthyophonus*), s.S. 16<br>– Diskusparasit, s.S. 100<br>– Bandwürmer, s.S. 109 |
| | Löcher in der Oberfläche | – *Hexamita*, s.S. 98<br>– *Ichthyophthirius*, s.S. 50 |
| | große Beulen | – Pilzbefall, s.S. 16<br>– Mikrosporidien, s.S. 59<br>– Myxozoa, s.S. 60<br>– Bandwürmer, s.S. 109, 133 |

**Tabelle 1.** Fortsetzung

| System | Störung | Mögliche Ursachen |
|---|---|---|
| Auge | Glotzauge (Exophthalmus) | – Fehler in der Wasserzusammensetzung<br>– *Nocardia* s.S. 15<br>– Fischtuberkulose, s.S. 15, 28<br>– Pilzbefall (*Ichthyophonus*), s.S. 16<br>– Trypanosomen, s.S. 120<br>– Saugwurmlarven, s.S. 70, 94, 133<br>– Bandwurmlarven, s.S. 96, 133 |
| | Augentrübung | – Bakterieninfektion, s.S. 14<br>– Pilzinfektion, s.S. 16<br>– Festsitzende Ciliaten, s.S. 48<br>– *Ichthyophthirius*, s.S. 50<br>– Myxozoa, s.S. 60<br>– Larven von Saugwürmern, s.S. 70, 94<br>– Larven von Bandwürmern, s.S. 96, 133 |
| Kopf | Maulsperre (= Daueröffnung des Mundes) | – Asseln im Maul, s.S. 89<br>– Geschwülste |
| Körperoberfläche | Sträubung der Schuppen | – Bakterieninfektion (Tuberkulose), s.S. 15<br>– Pilzinfektion, s.S. 16<br>– Einzeller, s.S. 35ff. |

**Tabelle 1.** Fortsetzung

| System | Störung | Mögliche Ursachen |
|---|---|---|
| Körperoberfläche | Sträubung der Schuppen | – Drachenwürmer, s.S. 76<br>– *Lernaea*, s.S. 86 |
| | Blutige Saugmale, Strichstellen | – Blutegel, s.S. 78<br>– Karpfenlaus, s.S. 81 |
| | Kleine, weißliche Knoten | – *Lymphocystis*, s.S. 13<br>– *Ichthyophthirius*, *Cryptocaryon*, s.S. 50<br>– Mikrosporidien, s.S. 59, 130<br>– Myxozoa, s.S. 60, 134 |
| | Rote bis schwarze Flecken bzw. Knoten | – Wurmlarven, s.S. 70 |
| | Hauttrübungen, starke Schleimabsonderung | – Säuren, Laugen (falscher pH-Wert des Wassers)<br>– *Ichthyobodo*, s.S. 35<br>– *Chilodonella*, s.S. 45<br>– *Oodinium*, s.S. 37<br>– *Oodinoides* sp., s.S. 41<br>– *Trichodina*, s.S. 42 |
| | Haut erscheint wie wattiert | – Pilzbefall (Saprolegnien), s.S. 16 |

**Tabelle 1.** Fortsetzung

| System | Störungen | Mögliche Ursachen |
|---|---|---|
| Körperoberfläche | Farbveränderung ins Dunkle | – Pilzbefall, s.S. 16<br>– *Hexamita*, s.S. 98<br>– Diskusparasit (*Protoopalina*), s.S. 100<br>– Myxozoa, s.S. 60<br>– Melanosarkom |
| | Farbveränderung ins Helle | – *Pleistophora* (Neonkrankheit), s.S. 130<br>– zu viel Licht<br>– falsche pH-Werte des Wassers |
| | Unterbrechung der Zeichnung | – *Nocardia* (falsche Neonkrankheit durch Bakterien)<br>– *Pleistophora* (echte Neonkrankheit, s.S. 130 |
| | Heraushängen von Fäden bzw. Stäbchen aus der Haut | – *Lernaea*, s.S. 86<br>– Pilzbefall (Saprolegniaceae), s.S. 16 |
| Veränderungen des Kots | Schleimiger, gelber, breiiger Kot | – Amoeben, s.S. 102<br>– *Hexamita*, s.S. 98<br>– Coccidien, s.S. 103<br>– Mikrosporidien, s.S. 59<br>– Darmfadenwürmer, s.S. 113 |
| | Rote Fäden hängen aus dem After | – *Camallanus* (Fräskopfwurm), s.S. 72 |

# 3 Wie unterscheide ich Parasiten von anderen Erregern?

*Und sind Fische und Erregerlein*
*auch noch so klein,*
*letztere dringen dennoch immer ein.*

Fische werden außer von Parasiten, die mechanisch oft erst die Eintrittspforten schaffen oder den Fisch bzw. sein Abwehrsystem schwächen, noch von Viren, Bakterien und Pilzen befallen. Wie aus den in Tabelle 1 aufgelisteten Krankheitssymptomen hervorgeht, kann jede Erregergruppe sehr ähnliche (= unspezifische) Krankheitsbilder bewirken, so daß ohne Differentialdiagnose (= direkten Erregernachweis bzw. -ausschluß) eine Bekämpfung nur schwer möglich ist. Viren und Bakterien sind einzeln selbst mikroskopisch kaum zu erkennen. Das gleiche gilt für Pilzsporen. Allerdings können einige Pilze (wie etwa die Saprolegniaceen) lange Fäden bilden (sog. Hyphen, Geflecht = Myzel), die dann auf der Haut des Fisches wie Watte erscheinen und daher in ihrer Gesamtheit mit bloßem Auge zu sehen sind. Die meisten einzelligen Parasiten können zwar ebenfalls nur mit dem Mikroskop identifiziert werden, fallen dann aber (mit Ausnahme der Cystenstadien) wegen ihrer durch bestimmte Organellen (Cilien bzw. Geißeln) hervorgerufenen Bewegungen auf. Sie sind zudem im Gegensatz zu Bakterien durch echte Zellkerne charakterisiert. Die mehrzelligen Parasiten (Würmer und Gliedertiere) sind deutlich mit bloßem Auge oder mit Hilfe einer Handlupe erkennbar und dann diagnostisch zu erfassen. Die Abb. 3.1 zeigt einen Größenvergleich der wichtigsten Erreger von Fischkrankheiten in linearer Anordnung. Aus dieser Übersicht geht hervor, daß

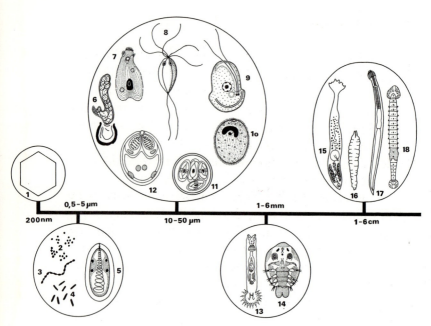

**Abb. 3.1.** Schematische Darstellung der wichtigsten Erreger von Fischkrankheiten im Größenvergleich (entlang eines Zahlenstrahls – 1 mm = 1000 µm, 1 µm = 1000 nm). 1 = *Lymphocystis*-Virus (150–300 nm). 2 = Bakterien: Kokken in Haufen bzw. Trauben (Staphylococcen); 3 = Bakterien in Ketten (Streptococcen); 4 = Bakterien-Stäbchen (z.B. *Enterobacteriaceae)*; 5 = Spore der *Mikrosporidien;* 6 = *Ichthyophonus*-Stadien (Pilze); 7 = *Chilodonella*; 8 = *Hexamita*; 9 = *Ichthyobodo*(freies Stadium); 10 = *Ichthyophthirius*-Trophozoit; 11 = *Eimeria-Oocyste;* 12 = *Myxozoa*-Spore; 13 = *Gyrodactylus* (Kiemenwurm); 14 = *Argulus* (Karpfenlaus); 15 = *Caryophyllaeus* (niederer Bandwurm); 16 = Bandwurm-Plerocercoid ( = Larve); 17 = *Camallanus* (adulter Fräskopfwurm); 18 = *Piscicola* (Blutegel).

die Selbstdiagnose von vielen Fischerkrankungen erst mit Einsatz eines Mikroskop sicher wird. Daher wird dem Hobbyaquarianer – insbesondere bei Haltung wertvoller Fische – die Anschaffung und regelmäßige Benutzung eines Mikroskops empfohlen.

## 3.1 Viren

Hierbei handelt es sich um lichtmikroskopisch nicht sichtbare, nichtzelluläre Elemente, die im wesentlichen aus einer äußeren Eiweißschicht und dem davon umschlossenen Erbmaterial (Ribo- oder Desoxyribonukleinsäurestrang) bestehen. (Abb. 3.1-1). Viren dringen in Wirtszellen ein, werden in deren Erbsubstanz eingebaut und folgerichtig von der Zelle nachproduziert. Viren können heute mit Medikamenten noch nicht bekämpft werden, so daß ein zur Erkrankung führender Befall lediglich mit symptomatischen Begleitmaßnahmen (Stärkung des Fisches, Quarantäne etc.) abgemildert werden kann. Viele Viren sind zwar harmlos, aber einige wirken ausgesprochen pathogen. Dazu gehört das in über hundert Fischarten des Süß- und Salzwassers nachgewiesene *Lymphocystis*-Virus (LDV). Ein Befall mit diesem relativ großen Virus (200 Nanometer = 0,0002 mm) führt zur Bildung von himbeerartig angeordneten Gruppen von harten, weißlichen Geschwülsten (Riesenzellen; Abb. 3.2). Der Verlauf ist bei optimaler Haltung des Fisches gutartig. Überlebende, geheilte Tiere sind zeitlebens immun. Äußerlich gleichen diese Riesenzellen Mikrosporidiency-

**Abb. 3.2.** Makroskopische Aufnahme von *Lymphocystis*-Knötchen in der Haut bzw. Rückenflosse eines Fisches. x 2.

sten. Beim Zerquetschen enthalten aber nur letztere zahlreiche (mikroskopisch sichtbare) Sporen (s.S. 59).

## 3.2 Bakterien

Hierbei handelt es sich um einzellige, mit einer zusätzlichen Zellwand versehene Organismen (ohne echten Zellkern), die sich durch Querteilung (oft in rascher Folge) fortpflanzen. Sie sind insgesamt außergewöhnlich vielfältig, was Form und Lebensraum betrifft (Abb. 3.1-2). Die Größe der meisten Arten liegt im lichtmikroskopischen Bereich zwischen 0,1 und 20 µm (1 mm = 1000 µm). Bei Fischen treten eine Reihe von Bakterien als Krankheitserreger auf, die fast ausschließlich nur bei ungünstigen Haltungsbedingungen große Schäden anrichten. Die Einzeldiagnose dieser Erreger ist allerdings meist erst nach Kultur oder Anwendung von Spezialverfahren möglich, so daß hier der Spezialist und/oder Tierarzt herangezogen werden muß. Dies ist umso sinnvoller, da die zur Therapie benötigten Antibiotika vom Tierarzt verschrieben werden müssen. Leider hat die ungehemmte, unkontrollierte Anwendung von Antibiotika bereits zur Ausbildung von zahlreichen **Resistenzen** geführt, so daß heute einige der Fischbakteriosen nicht mehr medikamentös kontrolliert werden können bzw. nur versuchsweise mit den jeweils neuesten Präparaten vom Humansektor attackiert werden können. Hier können zusätzlich die aus dem Zellkulturbereich bekannten Antibiotika (z.B. Fa. Serva) Verwendung finden.

Bei Zier- und Nutzfischen sind Vertreter folgender Bakteriengattungen von besonderer Bedeutung:

a) *Aeromonas* (Erreger der sog. **Furunkulose** = blutige Stellen): Hierbei handelt es sich um stabförmige, gramnegative Stadien, die noch auf Antibiotika im Futter (wie Aureomycin, Gentamycin etc.) oder im Wasserbad (z.B. Bactrim) reagieren.

b) *Pseudomonas* (Erreger der **Furunkulose** oder nur Folgebefall?): Hierbei handelt es sich ebenfalls um gramnegative Stäbchen, deren Bekämpfung durch Resistenzentwicklung aber deutlich schwieriger ist (s. Kap. 5).

c) *Flexibacter* (beteiligt an der sog. **Columnaris-Erkrankung** = mit Hautläsionen und Befall innerer Organe): Dieses stäbchenförmige, gramnegative Bakterium liebt hohe Temperaturen (28–30 °C), ist also besonders gefährlich für geschwächte Tropenfische. Die Erreger können im Medizinalbad mit Bactrim oder anderen Antibiotika bekämpft werden.

d) *Vibrio* (Miterreger der sog. **Flossenfäule**): Vertreter dieser gekrümmten (kommaförmigen), gramnegativen Bakterien leben vorwiegend als Folgeerreger in Wunden (nach Schäden anderer Herkunft), werden mit den Gattungen *Aeromonas* und *Plesiomonas* zu den sog. Vibrionaceae zusammengefaßt und können mit Antibiotika bekämpft werden.

e) *Mycobacterium* (Erreger der **Fischtuberkulose**): Da hierbei mehrere Größen und Formen dieser grampositiven, stäbchenförmigen Bakterien nachgewiesen wurden, bleibt unklar, ob es sich nicht um mehrere Arten handelt. Wie alle anderen Bakteriosen tritt dieser Erreger der Fischtuberkulose in geschwächten Populationen auf und kann auch bei Menschen zur Erkrankung führen (Kap. 5). Leider sind diese Erreger wegen Resistenzbildung faktisch nicht mehr durch Antibiotika zu kontrollieren. Neueste Präparate aus dem Humansektor könnten probiert werden sowie auch die Verbesserung der Haltebedingungen.

f) *Nocardia* (Erreger der **falschen Neonkrankheit**): Diese grampositiven Stäbchen dringen über Hautverletzungen (lokales Entfärben beim Neon) in innere Organe vor. Bei starker Belastung sind Todesfälle nicht selten. Der Übertritt auf den Menschen ist möglich. Eine Behandlung im Medizinalbad mit Tetracyclinen oder Streptomycin ist meist erfolgreich.

g) *Chlamydien.* Diese extrem kleinen, kugeligen (= coccoiden) Erreger vermehren sich ausschließlich intrazellulär (als 1 µm große Initialkörper) und überleben im Freien als sog. Elementarkörperchen (0,3 µm). Sie verursachen Geschwülste auf den Kiemen und in der Haut, die häufig zum Tode führen. Eine Behandlung könnte mit Tetracyclinen versucht werden.

Auf das Breitbandantibiotikum Baytril® (Enrofloxacin), das eine gute Verträglichkeit bei 50 getesteten Fischarten sowie auch eine befriedigende Wasserlöslichkeit zeigt, soll besonders hingewiesen werden. Es wirkt im medizinischen Bad (0,3 mg/10 l Wasser) in 5 Stunden (bei guter Belüftung!) auf Bakterien der Gattungen *Staphylococcus*, *Aeromonas* und *Vibrio*. Wie alle Medikamente ist diese Substanz verschreibungspflichtig.

## 3.3 Pilze

Pilze sind höher entwickelt als Bakterien oder Viren und besitzen einen echten Zellkern und eine Zellwand (aus unterschiedlichen Materialien). Sie ernähren sich im Gegensatz zu Pflanzen ausschließlich von organischem Material. Einige Arten leben daher auch parasitisch. Die von ihnen dann bei Pflanzen, Tieren und Menschen hervorgerufenen Krankheiten werden als Mykosen bezeichnet (von *griech.* mykos = Pilz). Die Pilze treten in großer Formenvielfalt auf und vermehren sich in komplizierten Entwicklungszyklen. Die parasitischen wie freilebenden Pilze können dabei – je nach Art – einzellige bis vielzellige lange Schläuche hervorbringen, die zur Diagnose herangezogen werden. Besonders bemerkenswert ist, daß Pilze wie Bakterien sich fast nur bei geschwächten Fischen erfolgreich ausbreiten und sich dort auf Verletzungen ansiedeln bzw. so in innere Organe ein-

**Abb. 3.3 A.** Makroskopische Aufnahme eines pilzbefallenen Diskus (weiße Seitenflächen sowie Fäden am unteren Rand des Kopfes). Dieser Fisch weist zudem noch Hauttrübungen im Kopfbereich infolge von Einzellerbefall sowie eine von Hautwürmern zerfressene Schwanzflosse auf. **B.** Schem. Darstellung von kugelförmigen Entwicklungsstadien des Pilzes *Ichthyophonus*. 1 = Hyphenbildung durch Auskeimen; 2 = Endosporenbildung in den Hyphen. Jede Spore wächst wieder zu einem vielkernigen, dickwandigen Stadium heran. Diese Struktur macht klar, warum Pilze – einmal in die Haut eingedrungen – nur schwer zu bekämpfen sind.

dringen. Prinzipiell können Pilze, nachdem sie mit dem Atemwasser in den Körper gelangt sind, alle Organe des Fisches befallen. Von besonderer Bedeutung (da häufig) sind zwei Gruppen (Abb. 3.3):

a) **Hautpilze** der Familie Saprolegniaceae (und Verwandte) bilden während ihres komplizierten Lebenszyklus ein verzweigtes Geflecht aus Strängen (Hyphen) auf der Haut, was die betroffenen Fische wattiert aussehen läßt. Diese, wie auch die Pilzsporen selbst, können nur sehr schwer medikamentös bekämpft werden. Daher ist man viel erfolgreicher, wenn die Primärinfektion durch Bakterien bzw. Parasiten beseitigt wird. Zu warnen ist prinzipiell vor der in einigen Büchern beschriebenen Behandlung mit Mercurochrom. Die Giftigkeit dieser Stoffe und die damit verbundenen Gefahren für Fische, Menschen und Umwelt stehen in keinem Verhältnis zum therapeutischen Effekt auf Pilze und/oder Wunden. Methylenblau (0,3–0,5 g/100 l Wasser) im Dauerbad für 3–5 Tage hilft gegen Hautpilze und ist erheblich weniger gefährlich als alle formolhaltigen Lösungen.

b) **Organbesiedelnde Pilze** der Gattung *Ichthyophonus* (und Verwandte; Abb. 3.3B) dringen nach äußeren Verletzungen mit dem Blutstrom in innere Organe (wie Leber, Niere etc.) vor und führen bei befallenen Fischarten des Süß- und Salzwassers zu hohen Verlusten. Diese tief sitzenden Schädigungen kündigen sich durch Abmagerung und Taumeln betroffener Fische an. Sie können medikamentös nicht behandelt werden. Daher müssen befallene Tiere sofort getötet und die Becken desinfiziert werden.

## 3.4 Parasiten

Die hier eingeordneten Organismen sind Tiere, die zu verschiedenen Stämmen gehören, aber in drei Großgruppen unterteilt werden können:
– Einzeller,
– Würmer,
– Gliedertiere (Arthropoden).
Die Bestimmung (s.u.) erfolgt nach äußeren Merkmalen in einem einfachen Bestimmungsschlüssel.
**Hinweis:** Ein solcher Schlüssel benutzt äußerlich sichtbare Merkmale des Körperbaus zur Unterscheidung von einzelnen Tiergruppen bzw. -Arten. Bei **Benutzung** dieses einfachen Bestimmungsschlüssels beginnt man bei **Frage 1**, liest alle Möglichkeiten, entscheidet sich für eine und wird auf die **nächste Frage** verwiesen werden. Dort liest man wieder **alle** Möglichkeiten, überprüft diese anhand der Abbildun-

gen und gelangt schließlich zum Namen der Schädlingsgruppe. Der Seitenverweis führt dann zur jeweiligen Stelle der Darstellung im Buch. Ist man einen falschen Weg gegangen, so beginnt man am besten von vorn. Zum Ausschluß sind im Schlüssel auch nichtparasitäre Organismen mit aufgeführt.

## Bestimmungsschlüssel zur Unterscheidung von Parasiten und anderen Erregertypen

1. a) Stadien sind mit bloßem Auge bzw. Lupe sichtbar .................... 2
   b) Stadien nur unter dem Mikroskop sichtbar ..... 6
2. a) Stadien erscheinen fadenförmig .. Pilzfäden s.S. 16
   b) Stadien besitzen Extremitäten ................ 3
   c) Stadien ohne Extremitäten .................. 4
3. a) Stadien mit ungegliedertem Körper und 6 bzw. 8 Beinen (Abb. 8.40) ... Milben s.S. 91
   b) Stadien mit gegliedertem Körper und unterschiedlichen Extremitäten (Abb. 8.34, 8.39) bzw. Anhängen (Abb. 8.37, 8.38) ..... Parasitische Krebse s.S. 81
4. a) Stadien im Querschnitt drehrund (Abb. 8.29) ............ Fadenwürmer s.S. 72
   b) Stadien stark abgeflacht ................... 5
5. a) Stadien besitzen am Vorder- und Hinterende je einen Saugnapf (Abb. 8.33) .... Blutegel s.S. 78
   b) Stadien besitzen auf der Bauchseite mindestens einen, meist zwei Saugnäpfe (Abb. 8.27) ... Saugwürmer s.S. 68, 94
   c) Stadien besitzen nur am Hinterende einen Halteapparat (Abb. 8.24, 8.25) .............. Kiemen- und Hautwürmer s.S. 64
   d) Stadien wirken bandförmig mit oder ohne Saugnäpfe (Abb. 8.47) ..... Bandwürmer s.S. 109

**6 a)** Stadien sind stäbchenförmig, mit oder
ohne Geißeln ................. Bakterien s.S. 14
**b)** Stadien sehen anders aus .................... 7
**7 a)** Stadien sind kugelig ....................... 8
**b)** Stadien besitzen deutliche Geißeln
oder Cilien (Abb. 8.1, 8.8) ................ 12
**8 a)** Stadien besitzen eine derbe, undurchsichtige
Wand .......... Bakterien, Pilzsporen s.S. 14, 16
**b)** Stadien lassen Innenstrukturen erkennen ....... 9
**9 a)** Polfäden bzw. Tubuli vorhanden
(Abb. 8.21, 8.55) ....................... 10
**b)** Polfäden fehlen ......................... 11
**10 a)** Kleine Polkapseln vorhanden, Schale mindestens
zweiklappig (Abb. 8.57) ........ Myxozoa s.S. 60
**b)** Ein heller Polkörper und ein Polfaden (Tubulus)
vorhanden (Abb. 8.55) .... Mikrosporidien s.S. 59
**11 a)** Cystenstadien mit wenigen Einschlüssen
(Abb. 8.45) ................. Oocysten s.S. 103
**b)** Cystenstadien mit vielen Einschlüssen
(Abb. 8.55)
.. Cystenstadien mit Sporen der Myxozoa s.S. 134
................ oder Mikrosporidien s.S. 130
**12 a)** Stadien besitzen Cilien bzw. Wimperbänder,
sind beweglich oder festsitzend (Abb. 8.8)
........................ Ciliaten s.S. 42
**b)** Stadien besitzen Geißeln (Abb. 8.1) .......... 13
**13 a)** Geißeln deutlich und kräftig .... Flagellaten s.S. 35
**b)** Geißeln zart und selbst lichtmikroskopisch
kaum zu sehen ............... Bakterien s.S. 14

# 4 Wo und wie suche ich nach Parasiten?

*Was der Fisch mit »Blub« nicht sagen kann, sieht man ihm von außen an.*

Mit Ausnahme einiger weniger großer Ektoparasiten, die wie die Blutegel, Asseln etc. bereits mit bloßem Auge auch am bewegten Fisch zu erkennen sind, muß der Fisch zum Nachweis der meisten anderen Erreger zur Untersuchung ruhig gestellt, in einigen Fällen sogar getötet werden, um die in Tabelle 1 zusammengestellten Parasiten nachzuweisen.

**1. Ruhigstellung** (Narkose)
Zur äußeren Inspektion bzw. zur Anfertigung von Abstrichen haben sich folgende Substanzen im sog. Narkosebad bewährt:
a) **Tricain** (MS 222, Fa. Sandoz; Fa. Serva) in einer Menge von 50–130 mg/l Süßwasser, abhängig von der Fischart und der Größe. Die Wirkzeit beträgt je nach Fischart bis zu 5 h. Die Erholung erfolgt in frischem Wasser binnen 1–6 Minuten. Diese Substanz ist für Salzwasser nicht so sehr geeignet. Beim Transport wird bereits mit 10–40 mg Tricain pro Liter Wasser eine beruhigende Wirkung erreicht. Die Tötung von Fischen erfolgt mit etwa 300 mg Tricain pro Liter Wasser. **Achtung:** Tricain ist im Getränk für Menschen **giftig**.
b) **Chloralhydrat**. Während etwa 100 mg Chloralhydrat pro Liter Wasser für eine Beruhigung ausreichen, müssen 3800 mg/l für eine Narkose aufgewendet werden. **Achtung:** Auch diese Substanz ist **toxisch**!

Die ruhiggestellten Fische, die häufig beim Einbringen in das Narkosebad zu springenden bzw. hin- und herschießenden Bewegungen neigen (= ein kleines Becken verwenden bzw. abgedeckte Schale), können dann mit einer Lupe inspiziert werden. Parasiten werden mit einer Pinzette der Haut bzw. den Kiemen entnommen (besondere Vorsicht!) – und gegebenenfalls mikroskopiert.

**2. Anfertigen von Abstrichen.** Werden selbst bei Lupenbeobachtung in den verdächtigen (s. Tab. 1) Haut- bzw. Kiemenbereichen keine Parasiten beobachtet, so schabt man mit einem stumpfen Spatel über deren Oberfläche und erhält so Schleim bzw. Zellmaterial. Diese Probe wird mit etwas Wasser auf einem Glasobjektträger verrührt und nach Bedecken mit einem Deckglas mikroskopiert. Einzellige Parasiten (s.S. 35) oder kleine Würmer (bis 1 mm) fallen durch Bewegungen auf (Diagnose einzelner Gruppen s. Kap. 3 und 8).

**3. Untersuchung von getöteten Tieren.** Besonders geschwächte Tiere einer Art werden getötet (s.o.) und zunächst mit der Lupe inspiziert. Dann sollten Haut- und Kiemenabstriche angefertigt und Blut zur Untersuchung entnommen werden. Zur Blutgewinnung wird die Schwanzwurzel mit einer Schere bzw. Skalpell abgetrennt, das austretende Blut auf einen Objektträger verbracht und in dünner Schicht mikroskopiert (auf Bewegungen achten) bzw. für eine Färbung ausgestrichen. Die Eröffnung der Leibeshöhle zeigt große Parasiten wie Saug- und Bandwürmer. Im geöffneten Darm finden sich mit bloßem Auge sichtbare große Würmer und einzellige Erreger, die allerdings erst nach Aufschlämmung des Kots in Wasser bzw. in Darmwandabstrichen mit Hilfe des Mikroskops erkannt werden können.

Parasiten, die bei Verwendung der Methoden 1–3 beobachtet bzw. entnommen wurden, können mit Hilfe des generellen Bestimmungsschlüssels in Kapitel 4 oder anhand der nach Organen geordneten Detailbeschreibungen in Kap. 8 ermittelt werden.

# 5 Wie vermeide ich einen Parasitenbefall?

*Was der Mensch ins Wasser läßt,
der Fisch durch seine Kiemen preßt,
und da er dies nicht meiden kann,
häufen sich dort Parasiten an.*

Fische, die äußerlich gesund wirken, können tatsächlich frei von Parasiten oder anderen Erregern sein, oder aber ihr Immunsystem hat diese Organismen unter Kontrolle. Maßnahmen zur Vermeidung von Erkrankungen müssen daher sowohl die **Zufuhr von Erregern** verhindern oder aber – insbesondere in Fällen, wo dies nicht möglich ist – deren ungehemmte **Vermehrung** unterbinden.

Die Beobachtung folgender Regeln hilft, einen gesunden Bestand zu erhalten.

1. Neue Fische sollen vor dem Einsatz in vorhandene Aquarien zunächst für 3–4 Wochen in sand- und pflanzenfreien Quarantänebecken gehalten werden (Quarantäne kommt von quarante = *franz.* 40; bezeichnet die früheren 40 Tage der Überwachung von Ankommenden). Tritt während dieser Zeit eine Erkrankung auf, kann – je nach Erregertyp – in einem weiteren kleinen Becken die Behandlung erfolgen.
2. Bestimmte Erregertypen bzw. ihre Entwicklungsstadien (z.B. Bakterien, Pilze, Sporen, Cysten, Wurmeier) sind auch freischwebend im Wasser vorhanden. Somit ist der Verwendung von Freilandwasser eine Filterung unter UV-Licht voranzuschicken.
3. Eine Säuberung ist auch für neue Pflanzen notwendig, da an ihnen Parasitenstadien festgeheftet sein können. Diese neuen Pflanzen werden in ein Becken eingelegt,

das Alaunwasser enthält (1 Teelöffel = 5 g pro l Wasser) und für etwa 4–5 Minuten darin (mit Handschuhen) hin und her bewegt. Danach müssen sie mit sauberem Wasser sorgfältig abgespült werden, bevor sie ins Becken zu den Fischen verbracht werden können. **Achtung**: Alaunwasser ist für Fische und Menschen (beim Trinken) **giftig!**

4. Andere Erregertypen befinden sich in lebenden Futtertieren (z.B. Myxozoa in Ringelwürmern, s.S. 60; Larven von Kratzern oder Bandwürmern in Kleinkrebsen, s.S. 109). Somit ist der Einsatz solchen Futters möglichst zu vermeiden. Sollte derartiges Frischfutter unbedingt notwendig sein, so hilft Tieffrieren bei -20 °C. Diese Temperatur tötet die meisten Parasiten bei ausreichender Einwirkzeit von mindestens 40 Stunden ab.

5. Da durch den Kontakt mit Gerätschaften (Netze etc.) Erreger von einem Becken zum anderen übertragen werden können, ist für jedes Becken eigenes Gerät zu verwenden oder dieses vorher zu desinfizieren (s.u.). **Achtung**: Erreger können auch an der bloßen Hand des Menschen haften – daher sind Einweghandschuhe zu empfehlen (Wechsel vor dem Eintauchen in ein neues Becken).

6. Da jegliche Schwächung die Fische anfällig gegen jeden Erregertyp macht, ist regelmäßig das Wasser der Haltebecken auf die für jede Fischart optimalen Bedingungen zu kontrollieren (z.B. pH-Wert, Sauerstoffgehalt, Härte etc.) und je nach Art regelmäßig zu wechseln.

7. Die Wassertemperatur spielt bei der Gesunderhaltung der Fische ebenfalls eine entscheidende Rolle. Hier sollte insbesondere in Sommermonaten bei direkter Sonneneinstrahlung auf das korrekte Temperaturoptimum für die jeweilige Fischart geachtet werden. Die generelle Regel sagt nämlich, daß bestimmte Parasiten bei Erhöhung der Temperatur stark zunehmen, da die Vermehrungs- und Stoffwechselraten deutlich steigen. Anderer-

seits werden viele Fische bei zu niedrigen Temperaturen krank, da dann die Schwächung der Immunabwehr erfolgt.
8. Die Nahrung der Fische muß stets artgerecht und abwechslungsreich sein; sie darf nicht im Übermaß angeboten werden, da z.B. zu große Fettablagerungen den Allgemeinzustand des Fisches verschlechtern.
9. Streß jeder Art muß vermieden werden. Als Streßfaktoren, die in ihrer Wirkung allerdings artspezifischen Schwankungen unterliegen, sich aber auch addieren können, gelten im allgemeinen:
    a) zu dichter Besatz (insbesondere bei Revierfischen),
    b) Vermischung von aggressiven mit Friedfischarten,
    c) zu helles Licht bzw. zu wenig Licht,
    d) das Fehlen von Verstecken,
    e) zu geringe Fütterung (Nahrungskonkurrenz),
    f) zu häufiges Hantieren im Aquarium,
    g) Umsetzen ohne langsame Temperaturanpassung,
    h) plötzliche Veränderung der Wasserqualität,
    i) Giftstoffe (Desinfektions-, Reinigungsmittel etc.) im Wasser, selbst Spuren reichen aus.
10. **Desinfektion ja, Vergiftung nein.** Die meisten handelsüblichen Desinfektionsmittel enthalten giftige Komponenten, die bei ungenügendem Auswaschen bestimmte Fische auch in kleinsten Dosen vergiften oder bei ihnen zu Hautreizungen führen können. Als wenig problematische Desinfektionsmittel werden hier eine gesättigte Kochsalzlösung (300–400 g Salz/l) bzw. Kaliumpermanganat ($KMnO_4$) empfohlen. Beide Lösungen können für alle nicht kochbaren Gerätschaften und das Becken selbst verwendet werden. **Vorsicht** ist allerdings bei Kontakt mit stärkeren Kochsalzlösungen und metallischen Gerätschaften geboten. Durch »Umlagerung« könnten giftige Metallsalze gebildet werden. Kaliumpermanganat ist wegen seiner intensiven roten Färbung auch noch in Spuren nach einem evtl. nicht ausreichen-

den Auswaschen zu bemerken. Als Faustregel kann für $KMnO_4$ dienen: In das mit Wasser gefüllte Aquarium (ohne Pflanzen) wird so lange $KMnO_4$ mit einem Teelöffel eingefüllt, bis die Lösung undurchsichtig rot ist. Die Geräte sind nach 3 Tagen desinfiziert. Die Salz- wie auch $KMnO_4$-Lösungen können u.U. in einem geschlossenen Bottich aufbewahrt und somit öfter eingesetzt werden. $KMnO_4$-Lösung verbraucht sich (bleicht aus) und muß dann wieder durch neue Kristalle angereichert werden. Andere Desinfektionsmittel (Wasserstoffperoxid, Alkohole, Aldehyde, handelsübliche Kombinationen) sollten nur in Extremfällen eingesetzt werden, wenn sich besonders widerstandsfähige Erreger im Becken ausgebreitet haben. Sand bzw. Steine können im Backofen (für Stunden) mit heißer Luft (ca. 200 °C) sterilisiert werden. Eine Reihe von handelsüblichen Desinfektionsmitteln wird von der Deutschen Gesellschaft für Veterinärmedizin (DGV) empfohlen: 7. Liste im Deutschen Tierärzteblatt 10 (1990).

# 6 Muß ich mich schützen?

*Ist die Gefahr auch noch so klein,
sie muß nicht sein!*

Ein Aquarianer kommt bei der Pflege seiner Tiere bzw. seines Geräts naturgemäß in Kontakt mit dem Wasser, das – wie aus den vorhergehenden Kapiteln hervorgeht – die übertragungsfähigen Stadien der verschiedenen Erregertypen enthalten kann, sofern eingesetzte Fische oder Pflanzen kontaminiert waren. Daraus ergeben sich zwangsläufig die Fragen, inwieweit solche Erreger auf den Menschen übertreten können, welche Erkrankungen sie hervorrufen und wie man sich gegebenenfalls vor ihnen schützt.

## 6.1 Viren

Die häufig bei Fischen nachgewiesenen Viren scheinen beim Menschen nicht infektiös zu sein, was in Anbetracht der spezifischen Vermehrungsweise (s. Kap. 3) nicht sehr verwunderlich ist.

## 6.2 Bakterien

Einige Bakterien, die sich auf/in geschwächten Fischen vermehren, kommen durchaus unmittelbar als Krankheitserreger beim Menschen in Frage, insbesondere dann, wenn eine Schwächung des Immunsystems vorliegt.

a) Mykobakterien. Zu dieser Gruppe gehört *M. poikilothermorum*, der Erreger der sog. Fischtuberkulose, die sich besonders bei Zierfischen in Warmbecken (25 °C) in allen Organen ausbreitet und zu »Geschwüren« führt. Dieser Erreger kann auch über Wunden in den Menschen eindringen und führt selbst bei Personen mit intaktem Immunsystem zu relativ harmlos verlaufenden Hautinfektionen (Knotenbildung), die allerdings mit Antibiotika behandelt werden sollten.

Diese Fischtuberkuloseerreger werden innerhalb der Mykobakterien zu den sog. MOTT (*engl.* = mycobacteria other than tubercle bacille – letztere sind die Erreger der menschlichen Tuberkulose) gezählt. Im Schlamm von Seen **und** Aquarien befinden sich eine ganze Reihe von derartigen Bakterien, die beim Einsetzen von Pflanzen oder Futtertieren (Kleinkrebse) in Aquarien eingeschleppt werden können.

b) *Nocardia*. Vertreter dieser Gruppe der sog. nocardiaformen Bakterien (u.a. Erreger der falschen Neonkrankheit, Kap. 3) wurden als Erreger der seltenen Nokardiosen beim Menschen nachgewiesen. In diesen Fällen waren die Erreger – besonders bei immungeschwächten Personen – über Hautverletzungen eingedrungen und hatten je nach Befallsgebiet zu Lungenentzündungen, Hirn-, Leber- oder Hautabszessen geführt. Eine Therapie gelang mit Cotrimoxazol und Sulfonamiden.

c) Vibrionaceae. In dieser Familie wurden u.a. die Gattungen *Vibrio* und *Aeromonas* eingeordnet, von denen einige Vertreter sowohl bei Fischen (s. Kap. 3) als auch beim immungeschwächten Menschen zu Erkrankungen führen. Der Befall von gesunden Menschen ist aber relativ selten beschrieben worden und erfolgt stets über Wunden an den Händen. Somit hilft hier wie bei anderen Infektionen die Verwendung von Handschuhen beim Hantieren in Becken (insbesondere bei Warmwasserbecken mit tropischen Fischen). Auch das Schlucken von Aquarienwasser (z.B. beim Ansaugen mit einer Pipette etc.) ist zu vermeiden, da sonst potentielle Erreger in den Magen-Darm-Trakt gelangen können.

## 6.3 Pilze

Die weltweit verbreiteten Hefepilze der Gattung Candida treten sowohl bei Fischen als auch bei Menschen auf und führen zum Teil zu schweren hautständigen Mykosen, allerdings nur bei vorgegebener Prädisposition, d.h. nicht jede Haut läßt sich auch infizieren. Die Gründe hierfür sind allerdings weitgehend unbekannt. Auch hier ist die Verwendung von Handschuhen der beste Schutz vor einer möglichen Infektion.

## 6.4 Parasiten

Die echten Parasiten der Zierfische sind weitgehend art-, gattungs- oder familienspezifisch, was ihre Wirte betrifft. Sie treten somit nicht auf den Menschen über, auch wenn über Hautkontakt bzw. Verschlucken von Entwicklungsstadien die Gelegenheit dazu bestünde. Eine Ausnahme machen vielleicht die Schwärmer des Ciliaten *Ichthyophthirius* (s.S. 50) und bestimmte Larven von Saugwürmern (ihr Auftreten ist an das Vorhandensein von Wasserschnecken gekoppelt, s.S. 68). Beide Stadien versuchen, in die Haut des Menschen einzudringen. Wenn dies in massenhafter Anzahl geschieht, kann es zu lokalen Hautentzündungen (Dermatitis) kommen. Auch hier schützen Handschuhe vor einer potentiellen Infektion. **Achtung:** Aquarien sind häufig Aufenthaltsort von sog. Collembolen (niedere Insekten), die bei massenhaften Auftreten zu starkem Juckreiz auf der Haut des Aquarianers führen, Fische aber nicht befallen (Mehlhorn und Mehlhorn, 1992).

# 7 Welche generellen Bekämpfungsmaßnahmen helfen gegen Parasiten?

*Quarantäne, der Wochen vier,
schützt vor dem meisten Ungetier.*

Die hier zu nennenden Maßnahme betreffen drei Bereiche:
1. Vermeidung der **Einschleppung** von Parasiten:
   a) Quarantänemaßnahmen in einem Extrabecken bei neuen Fischen (s.S. 23).
   b) Reinigung von neuen Pflanzen (s.S. 24).
   c) Verwendung von parasitenfreiem, frischen Wasser.
   d) Vermeidung von Lebendfutter, s.S. 24.
   e) Gerätschaften bzw. Handschuhe nur für ein Becken verwenden.
2. Vermeidung der **Ausbreitung** von Parasiten:
   a) Sofortige Entfernung verdachtsweise befallener Fische – sei es, daß sie bei optischer Inspektion auffällig wurden oder daß ihre Bewegungen Abnormitäten zeigten (s. Tabelle 1, S. 5).
   b) Schnellstmögliche Diagnose des Erregers und nachfolgend Therapie im Medizinalbad.
   c) Regelmäßiger Wasserwechsel; nach Entdeckung eines Befalls sofortiger Wasserwechsel, Desinfektion des Beckens (s.S. 23, 25).
   d) Regelmäßige Kontrolle und Optimierung der Haltungsbedingungen für die verbliebenen Fische, d.h. Verbesserung ihrer generellen Konditionen.
   e) Regelmäßige Reinigung des Sandes etc., Absaugen des Mulms etc.

3. **Therapeutische** Maßnahmen nach einer Diagnose:
   a) Die einzeln gesetzten Fische nach Diagnose der Erreger mit den entsprechenden Mitteln behandeln (vergl. Kap. 8). Der Tierarzt verschreibt bestimmte apothekenpflichtige Arzneien. Behandlungszeitpunkt, Dosis sowie Zeiten exakt protokollieren.
   **Achtung:** Wirkoptima der Mittel (was Temperaturen und Dosis betrifft) unbedingt einhalten.
   b) Bestimmte Parasiten (z.B. Karpfenlaus, manche Würmer) können mechanisch entfernt werden. Hierzu muß der Fisch aber ruhiggestellt werden (s.S. 21). Die Erreger werden dann bei äußerer Inspektion (Lupe verwenden!) mit einer spitzen Pinzette oder einem Pinsel vorsichtig aus der Haut entfernt.
   c) Einsatz von möglichst breitwirkenden Medikamenten oder Substanzen (s.S. 16, 35), um eine eventuell übersehene, zusätzliche Erregerart mitzuerfassen.
   **Achtung:** Medikamente dürfen aber nie prophylaktisch gegeben werden, da sonst Resistenzen gezüchtet werden.
   d) Entsorgungshinweise der Hersteller für die Wirkstoffe und Medikamente im Medizinalbad unbedingt beachten!
   e) Medikamente vor Kindern sichern.
   f) Verfallsdaten der Medikamente beachten.
   g) Nie gleichzeitig den ganzen Fischbestand behandeln, da Unverträglichkeiten bei unterschiedlichen Arten variieren können.

# 8 Welche Parasiten gibt es und wie kann man sie bekämpfen?

*Ob Ciliat, Wurm oder Laus,
jeder sucht sich sein Fischlein aus,
und hat es zum Fressen lieb;
andere nehmen, was übrig blieb!*

Zierfische werden von zahlreichen Parasiten befallen, die naturgemäß zunächst mit der Oberfläche in Kontakt treten. Daher erfolgt in diesem Kapitel die Darstellung der einzelnen Parasiten entsprechend der Befallsrichtung von außen nach innen und dabei wiederum nach ihrer systematischen Stellung im Tierreich (z.B. Einzeller vor den Würmern oder Gliedertieren). Die empfohlenen Maßnahmen wurden zwar überprüft, und es wurden vorwiegend gefahrlose Verfahren ausgesucht, dennoch können sie bei einzelnen Fischarten fehlschlagen und/oder zu Verlusten führen. Daher kann natürlich keine Erfolgsgarantie gegeben werden. Bei besonders wertvollen Fischen sollte daher nur mit wenigen Tieren die Behandlung begonnen werden. Die Behandlungen müssen dabei stets (!) in einem pflanzenfreien Extrabecken erfolgen. **Achtung:** Es ist unbedingt für ausreichende Belüftung zu sorgen, da manche Mittel den Sauerstoffgehalt des Wassers herabsetzen können und infizierte Fische zudem einen hohen Sauerstoffbedarf haben.

## 8.1 Parasiten der Haut und der Kiemen

Bestimmungsschlüssel
1. a) Parasit ist mikroskopisch klein ............... 2
   b) Parasit ist mit bloßem Auge zu erkennen ....... 9
2. a) Parasit sitzt fest ........................... 3
   b) Parasit ist frei beweglich .................... 4
3. a) Parasit sitzt auf einem Stiel
      (Abb. 8.10B) ................. *Epistylis* s.S. 48
   b) Parasit liegt mit einer Haftscheibe der
      Fischhaut an (Abb. 8.10A) ..... *Apiosoma* s.S. 48
   c) Parasit besitzt zwei Geißeln und eine
      pulsierende Vakuole (Abb. 8.1)
      ....................... *Ichthyobodo* s.S. 35
   d) Parasit liegt in einem Gangsystem in
      der Haut (Abb. 8.12) .... *Ichthyophthirius* s.S. 50
   e) Parasit ist kugelförmig und besitzt
      eine äußere Schale (Abb. 8.3)
      ..................... *Oodinium*-Arten s.S. 37
4. a) Parasit besitzt Wimpern (Cilien) .............. 5
   b) Parasit besitzt Geißeln (Flagellen) ............ 8
5. a) Gleichmäßig lange Wimpern (Cilien) sind
      über den gesamten Zelleib verteilt (Abb. 8.16) ... 6
   b) Cilien treten nur in bestimmten Bereichen
      auf (Abb. 8.10) ........................ 7
6. a) Stadien groß (mehr als 0,1 mm), Kern
      U-förmig (Abb. 8.12) .... *Ichthyophthirius* s.S. 50
   b) Stadien groß (mehr als 0,1 mm), Kern
      erscheint als vier helle Bereiche
      (Abb. 8.15C,D) .......... *Cryptocaryon* s.S. 55
   c) Stadien birnenförmig, kleiner als 0,1 mm,
      Kern zentral oder ovoid (Abb. 8.16)
      ..................... *Tetrahymena* s.S. 57

7 a) Parasiten erscheinen in der Aufsicht kreisförmig mit ventralen Haken und dorsalen Cilien (Abb. 8.5.) . . *Trichodina* s.S. 42
  b) Zelleib herzförmig, Cilien vorwiegend auf der Oberfläche (Abb. 8.8B, C) . . . . . . . . . . . . . . . . . . . . . . . *Chilodonella* s.S. 45
8 a) Parasit ohne Panzer, Geißeln ungleich lang (Abb. 8.1) . . . . . . . . . . . . *Ichthyobodo* s.S. 35
  b) Parasiten mit Längs- und Querfurchen im Gehäuse, in denen kurze Geißeln liegen (Abb. 8.4) . . . . . . . . . . . . . . *Dinoflagellata* s.S. 41
9 a) Körper langgestreckt, wurmförmig . . . . . . . . . . 10
  b) Körper anders . . . . . . . . . . . . . . . . . . . . . . . 11
10 a) Stadien besitzen vorn und hinten einen Saugnapf (Abb. 8.32, 8.33) . . . . . . . Blutegel s.S. 78
  b) Stadien langgestreckt, ohne Saugnäpfe, schlängelnde Bewegungen, formstabil (Abb. 8.29) . . . . . . . . . . . . . . Fadenwürmer s.S. 72
11 a) Stadien erscheinen als große, weißliche Gebilde . 12
  b) Stadien erscheinen anders . . . . . . . . . . . . . . . . . 13
12 a) Weißliche Beulen enthalten bei mikroskopischer Betrachtung einen Ciliaten . . . . . . . . . . . . . . . . . . . . *Ichthyophthirius* s.S. 50
  b) Beulen enthalten beim Zerquetschen viele kleine Einzeller . . . . . . Mikrosporidien s.S. 59 . . . . . . . . . . . . . . . . . . . . . . . . Myxozoa s.S. 60
13 a) Stadien besitzen einen großen hinteren Halteapparat (Abb. 8.24, 8.25) . . . Kiemen- und Hautwürmer (Monogenea) s.S. 64
  b) Parasiten sitzen unter den Schuppen und weisen nur einen zentralen, undeutlichen Saugnapf auf (Abb. 8.27) . . . . Saugwürmer s.S. 68

## A. Einzeller

### 8.1.1 Kleiner bohnenförmiger Hauttrüber
*Ichthyobodo necator* (syn. *Costia necatrix*)

*Selbst der strammste Fisch erbleicht,
wenn Bodo ihm nicht von der Seite weicht.*

**Fundort.** Festsitzend auf der Haut, seltener Kiemen, häufig Flossenbereiche.

**Auftreten.** Weltweit bei Süßwasserfischen und in geringerem Maße auch bei Salzwasserfischen (nach Infektion durch als Futter in Aquarien eingesetzte Süßwasserfische). Insbesondere die Brut und Jungfische können stark befallen sein, oft finden sich 100 Parasiten pro mm$^2$ Haut.

**Biologie und Merkmale.** Bei Aquarienfischen tritt nur eine einzige Art (*I. necator*) auf (Abb. 8.1), deren Individuen mit max. 10–20 µm x 6–10 µm (1 mm = 1000 µm) relativ klein bleiben. Sie sind durch zwei freie, aber verschieden lange (eine 9 µm, die andere etwa 18 µm) Geißeln und einen stark DNA-haltigen Mitochondrienbereich (sog. Kinetoplast) ausgezeichnet und werden daher systematisch in die Ordnung Kinetoplastida der Geißeltierchen (Flagellata) eingeordnet. Das freischwimmende, infektiöse Stadium (Abb. 8.1A, B), das durch Längsteilung (über 4-geißlige Stadien) aus festsitzenden Formen (Abb. 8.1C) hervorgeht und sich binnen einer Stunde wieder festgeheftet haben muß, ist eiförmig. Die in der Fischhaut verankerten Stadien weisen eine birnen- bzw. nierenförmige Gestalt auf und werden auch etwas größer. Mit fingerförmigen Fortsätzen verankern sich die festsitzenden Stadien im Innern einer Wirtszelle. Auf dieser, dem Fisch zugewandten Seite des Parasiten erfolgt auch die Nahrungsaufnahme durch Einschluß von Wirtszellenbestandteilen über einen Zellmund.

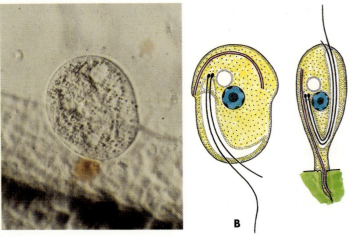

**Abb. 8.1.** *Ichthyobodo necator.* **A.** Lichtmikroskopische Aufnahme eines sich festsetzenden, ungefärbten Stadiums; charakteristisch ist die helle, pulsierende Vakuole. x 1200. **B, C.** Schem. Darstellung eines freischwimmenden (**B**) und eines in der Fischhaut verankerten Stadiums (**C**); charakteristisch sind die beiden ungleich langen Geißeln (nach Grell).

**Übertragung.** Befall durch freischwimmende Stadien oder durch Hautkontakt mit befallenen Fischen.

**Symptome der Erkrankung** (Ansteckende Haut- und Kiementrübung). Krankheitssymptome treten meist nur bei geschwächten und/oder Jungfischen auf, dann aber häufig als Massenbefall, da sich die neu gebildeten Stadien sofort wieder auf dem gleichen Fisch festsetzen. Die Fische verweigern die Nahrung und zeigen eine generelle Mattigkeit. Schwache, weißlich-bläuliche Schleier treten auf der Haut in Erscheinung; danach folgen große, graue Flecken durch sekundären Befall mit Bakterien und Pilzen, insbesondere wenn die Parasiten die Oberfläche pflasterartig dicht bedecken. Ohne Behandlung tritt der Tod der betroffenen Tiere, die auch eindeutige Atemnot zeigen, in kurzer Zeit ein.

**Diagnosemöglichkeiten.** Mikroskopische Untersuchung eines Hautabstrichs.

**Vorbeugung.** Generelle Förderung der Kondition der gehaltenen Fische, sofortige Entfernung verdächtiger Fische aus dem Becken. Vorsicht: Die Parasiten vermehren sich auch auf toten Fischen noch einige Zeit; daher müssen diese sofort aus dem Aquarium oder Zierteich gefischt werden.

**Bekämpfungsmaßnahmen:**
1. Temperaturerhöhung:
   Da *Ichthyobodo* temperaturempfindlich ist, hilft in vielen Fällen die Erhöhung der Haltetemperatur (wo möglich auf 32 °C für 1 Tag).
2. Medizinalbad (im separaten Becken):
   - Kochsalz (2 g auf 1 l Wasser) für 10 h.
   - Methylenblau (0,4 g/100 l Wasser) für 3–5 Tage; solange die blaue Farbe sichtbar ist, reicht die Konzentration aus.
3. Behandlung mit Futtermittelzusatz:
   - **Neu:** sehr effektiv. Tetra-Medica-Medizinalflocken bzw. TetraPond-MediSticks: 1 x tägl. für 5 Tage.

**Achtung:** Diese Maßnahmen müssen wiederholt werden, um einen wiederauftretenden Befall zu unterdrücken.

### 8.1.2 Salzwasseroodinium (*Amyloodinium ocellatum*)

*Sieht samten aus des Fisches Haut,
sich Böses dort zusammenbraut.*

**Fundort.** Festsitzend auf den Kiemen, seltener Haut, noch seltener im Vorderdarm.

**Auftreten.** Salzwasserfische, besonders Korallenfische.

**Abb. 8.2.** Lichtmikroskopische Aufnahme der Spitze einer Flosse mit einigen Stadien von *A. ocellatum*. Bei dem mit einem Pfeil gekennzeichneten Stadium ist die Schalenwand gut zu erkennen. x 50.

**Biologie und Merkmale.** Das festsitzende, ovoide Stadium (vergl. Abb. 8.2) wird von einer chitinhaltigen Hülle umgeben und bezieht seine Nahrung über wurzelartige Ausläufer, die in das Wirtsgewebe vordringen. Diese Stadien werden maximal 0,15 mm lang und sind – insbesondere bei Anordnung in Gruppen – gerade eben als weißliche Pünktchen mit bloßem Auge auszumachen (Abb. 8.2). Nach ausreichender Nahrungsaufnahme, von der die Anhäufung zahlreicher Stärkekörner (Name!) um den Kern zeugt, lassen diese Parasiten die Haut des Wirts los, sinken zu Boden und verschließen die Schalenöffnung. Im Inneren bilden sich durch fortgesetzte Teilung 256 sog. Dinosporen, die durch zwei Geißeln (je eine in einer Längs- und Querfurche des Panzers) und einen roten Augenfleck (vergl. Artname; ocellat) gekennzeichnet sind. Diese auch als Schwärmer bezeichneten Stadien müssen innerhalb von 24 h einen Wirtsfisch finden, um zu überleben. Dort ziehen sie die Geißeln ein und bilden »Füßchen« (Rhizoide) zur Penetration des Wirtsgewebes aus.

**Übertragung.** Aktiver Befall des Fisches durch Schwärmer.

**Symptome der Erkrankung.** (Korallenfischkrankheit, Samthaut, Rosthaut). Bei Betrachtung gegen das Licht erscheint die Kiemenoberfläche blutig gefleckt, gelb, braun und wirkt bei dichter Anordnung der festsitzenden Parasiten samten überzogen. Da die Parasiten die Kiemenoberfläche weitgehend bedecken, wird die Sauerstoffaufnahme behindert und es kommt zu akuter Atemnot mit entsprechenden Symptomen. Bei starker Ausbreitung innerhalb weniger Wochen (bei gleichzeitigem Bakterienbefall) treten viele Todesfälle durch Erstickung auf.

**Diagnosemöglichkeiten.** Äußere Inspektion eines ruhiggestellten Fisches im Gegenlicht (Samtaspekt); mikroskopischer Nachweis der festsitzenden Stadien.

**Vorbeugung.** Lange Quarantäne vor dem Einsetzen neuer Fische, häufiger Wasserwechsel, Absaugen des Bodensatzes im Aquarium.

**Bekämpfungsmaßnahmen:**
1. Medizinalbad:
   - 35 g Kochsalz/l Wasser für 1–3 Minuten.
   - 1,5 mg Kupfersulfat/l Wasser für 1 Woche (Lösung 2 x erneuern).
2. Futterzusatz:
   - **Neu:** Tetra-Medica-Medizinalflocken bzw. Tetra-Pond-MediSticks für 6 Tage, 1 x täglich nach Belieben.

### 8.1.3 Süßwasseroodinium (*Piscinoodinium*-Arten)

**Fundort.** Kiemen, Haut, Schlund, Magen, Darm.

**Auftreten.** Süßwasserfische.

**Biologie und Merkmale.** Zwei Arten sind beschrieben (*P. limneticum*, *P. pillularis*). Die Vermehrung läuft ab wie bei *A. ocellatum* (s.o.), jedoch entstehen bei *P. pillularis* in der

**Abb. 8.3.** *P. pillularis*. Schem. Darstellung eines in der Fischhaut verankerten Stadiums (nach Reichenbach-Klinke).

gallertartigen Hülle auf dem Boden nur 64 Schwärmer, denen bei *P. limneticum* der rote Augenfleck fehlt. Die Ernährung erfolgt bei den festgehefteten Stadien offenbar ausschließlich durch Photosynthese, da der Zelleinschluß (Phagocytose) von Wirtszellenbestandteilen nicht beobachtet wurde (Abb. 8.3).

**Übertragung.** Befall der Fische durch bewegliche Schwärmer.

**Symptome der Erkrankung.** Zunächst Hauttrübungen, später gelbliche Beläge, Atemnot, schaukelnde Bewegungen, Scheuern an Steinen etc., Nahrungsverweigerung, Wachstumsstillstand; unbehandelt tritt nach längerer Zeit der Tod ein.

**Diagnose, Vorbeugung und Bekämpfung.** Vergl. *A. ocellatum*, s.o. Die Wirkung eines Medizinalbades mit ContraIck® (Fa. Tetra) wurde von uns bei dieser Art als sicher nachgewiesen.

## 8.1.4 Andere Dinoflagellaten (u.a. *Oodinoides vastator*)

**Fundort.** Entzündete Hautstellen.

**Auftreten.** Tropische Süßwasserfische.

**Biologie und Merkmale.** In den verletzten Hautbereichen werden in etwa 0,04 mm großen, blasenförmigen, festsitzenden Cysten grün erscheinende, begeißelte Dinosporen von *O. vastator* (Abb. 8.4) durch wiederholte Teilungen gebildet. Ein Teil dieser sehr kleinen Dinoflagellaten (etwa 8 μm) setzt sich am gleichen Fische fest und leitet die weitere Vermehrung über die Bildung neuer Cysten ein, andere verlassen den Fisch und gelangen freischwimmend auf andere Wirte. In Wunden treten zudem weitere Arten auf, die keine Cysten bilden (8.4B).

**Übertragung.** Aktiver Befall durch freibewegliche Dinoflagellaten.

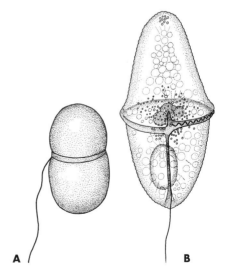

**Abb. 8.4.** Dinoflagellaten. **A.** Einfach begeißelte Dinospore von *Oodinoides vastator* (nach Reichenbach-Klinke). **B.** Zweigeißliger Dinoflagellat (nach Grell).

**Symptome der Erkrankung.** Hauttrübungen mit gallertartigen Belägen; Haut löst sich in Fetzen ab, sekundäre Bakterieninfektionen führen zur Verminderung der Flossengröße. Diese Symptome können bei akutem (schnellen) und schleichendem Verlauf auftreten. Die Fische werden während einer Infektion immer schwächer und sterben schließlich.

**Diagnose.** Mikroskopische Betrachtung von Hautabstrichen.

**Vorbeugung.** Häufiger Wasserwechsel, schnelle Entfernung verdächtiger Fische aus dem Becken.

**Bekämpfungsmaßnahmen.** Versuchsweise: Methodenspektrum s. *Amyloodinium*, S. 37, 40.

### 8.1.5 *Trichodina*-Arten und Verwandte

> *Wenn die Trichodine durch die Kiemen kreist,*
> *sie Löcher für Bakterien reißt.*

**Fundort.** Kiemen.

**Auftreten.** Süß- und Salzwasserfische.

**Biologie und Merkmale.** Zahlreiche Arten der Gattungen Trichodina, Trichodinella, Tri-und Dipartiella sind dem Aquarianer als »Trichodinen« bekannt, zumal sie häufig in großer Anzahl auftreten können. Es handelt sich hierbei um hütchenförmige, in der Sicht von unten kreisförmige Ciliaten (Abb. 8.5, 8.6), die durch den Typ des U-förmigen Makronukleus und die Anordnung besonderer Hakenkränze klassifiziert und diagnostiziert werden können (Abb. 8.5B,

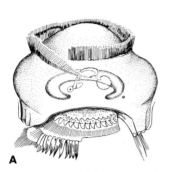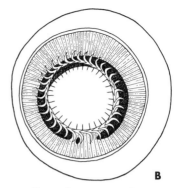

**Abb. 8.5.** *Trichodina* sp. Schem. Darstellung dieses Hautciliaten in der Seitenansicht (**A**) und von unten (**B**). Von der Bauchseite werden der U-förmige Kern (Makronukleus) sowie die hakenförmigen, versteifenden Teile des Halteapparates sichtbar (vergl. 8.6.B).

8.6B). Die Größe dieser Stadien liegt bei etwa 0,05 mm im Durchmesser. Sie vermehren sich durch die ciliatenübliche Querteilung; geschlechtliche Prozesse erfolgen bei der sog. Konjugation. Diese freibeweglichen Ciliaten ernähren sich durch die Aufnahme von Bakterien, die insbesondere auf verletzten Kiemenbereichen in großem Ausmaß auftreten. In welchem Umfang der Ciliat größere Verletzungen des Kiemenepithels durch seine ventralen Häkchen oder durch Druckstellen während seiner ständig kreisenden Bewegungen bewirkt, bleibt vorerst ungeklärt. Eine Beteiligung kann jedoch als sicher gelten.

**Übertragung.** Trichodinen suchen ihre Wirte aktiv durch Schwimmbewegungen auf und können dabei auch mehr als 24 h ohne Kontakt zum Fisch überleben.

**Symptome der Erkrankung (Trichodinose).** Ein Befall mit wenigen Trichodinen bleibt unbemerkt. Bei genereller Schwächung des Fisches kommt es zur Massenvermehrung. Voraussetzung ist aber meist eine Massenvermehrung von Bakterien (oft infolge eines Befalls mit Kiemenwürmern etc.), so daß das

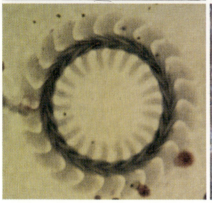
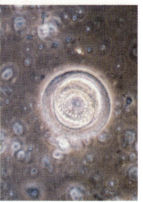

**Abb. 8.6.** *Trichodina* sp. **A.** Die rasterelektronenmikroskopische Aufnahme eines Stadiums von der Bauchseite zeigt die bauchseitige Bewimperung. x 1000. **B.** Präparation der bauchseitigen Versteifungsteile. x 1000. **C.** Lichtmikroskopische Aufnahme der Ventralseite (neben roten Blutkörperchen). x 500.

Epithel der Kiemen dann mit einem milchigen Belag erscheint (= Hauttrübung). Die Atmung der Fische wird dann behindert und die Tiere zeigen durch abstehende Kiemendeckel und höhere Atemfrequenz Zeichen der Atemnot. Zudem entsteht offenbar eine Art Juckreiz, denn die Fische scheuern die Kiemendeckel an Steinen, gelegentlich sogar in Seitenlage. Infizierte Fische können bei sich weiter verschlechternder Grundkondition infolge von Sekundärinfektionen sterben.

**Diagnosemöglichkeiten.** Mikroskopische Untersuchung von Kiemenabstrichen lebender Fische (Trichodinen verlassen nämlich tote Fische!).

**Vorbeugung.** Quarantäne, Optimierung der Haltebedingungen, regelmäßiger Wasseraustausch.

**Bekämpfungsmaßnahmen:**
1. Medizinisches Bad (gut belüften):
   - Kochsalz (NaCl) 10–15 g/l für 30 min.
   - Kaliumpermanganat (1:500000) für 30 min.
   - ContraIck® (Fa. Tetra).
   - Methylenblau, 0,4 g/100 l Wasser, für 5 Tage. Konzentration reicht, so lange blaue Färbung erkennbar bleibt.
   - Masoten®, 0,2–0,3 mg/l Wasser für 3 Tage (bei 20–23 °C).
   - Masoten®, 5 mg/l Wasser bis 30 min, bei Kaltwasserfischen (unter 10 °C).
   (Achtung: Masoten® wirkt toxisch auf zahlreiche Fischarten und eine Reihe niederer Tiere!)
2. Medizinalfutter:
   - **Neu:** sehr effektiv: Tetra-Medica-Medizinalflocken bzw. MediSticks für 4 Tage (1 x täglich nach Belieben).

### 8.1.6 Herzförmiger Hauttrüber (*Chilodonella* sp.)

*Ist die Haut trüb und fade,*
*den Fisch zum Medizinalbad lade.*

**Fundort.** Haut und Kiemen.

**Auftreten.** Häufig bei Süßwasserfischen[1].

---

[1] Bei Meeresfischen tritt in seltenen Fällen eine als *Brooklynella hostilis* beschriebene Art mit ähnlicher Biologie auf. Berichte von Aquarienfischen fehlen allerdings noch.

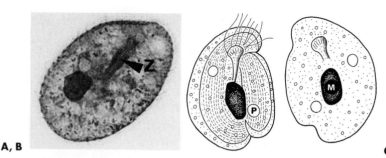

**Abb. 8.7.** *Chilodonella* sp. **A.** Lichtmikroskopische Aufnahme dieses Ciliaten von der bewimperten Unterseite. **B, C**. Schem. Darstellung der Unterseite (**B**) und der Oberseite (**C**) des Ciliaten; bemerkenswert ist das Auftreten von zwei pulsierenden Vakuolen (P), des trompetenförmigen Zellmunds (Z) sowie der dichte Makronukleus (M) (nach Schäperclaus). **A:** x 500.

**Biologie und Merkmale.** In der Gattung *Chilodonella* werden mehrere Arten beschrieben, die allerdings von anderen Autoren als Rassen der Art C. *cyprini* betrachtet werden. So konnten keine gravierenden Unterschiede in der Biologie und Vermehrungsweise der Chilodonellen bei Kalt- und Warmwasserfischen beobachtet werden. Die bis etwa 0,07 mm großen Ciliaten sind von einer charakteristischen Herzform und weisen eine unterschiedliche Ober- und Unterseite auf (Abb. 8.7), was ihre Bewimperung betrifft. Wie andere Ciliaten besitzt diese Art auch zwei unterschiedliche Zellkerne. Charakteristisch sind im weiteren zwei sog. pulsierende große Vakuolen (dienen der Regulation des Wassereinstroms (Abb. 8.7), sowie ein ventraler, füllhornartiger Zellmund (Cytopharynx). Mit dieser Seite gleitet dieser an der gesamten Oberfläche bewimperte Ciliat dicht an der Oberfläche seines Wirtsfisches entlang und ernährt sich von Zellbestandteilen. Die Vermehrung erfolgt auf dem Fisch durch Querteilung, wobei zunächst der Zellmund verdoppelt wird; geschlechtlicher Prozeß ist die Konjugation. Bei ungünstigen Bedingungen scheidet *Chilodo-*

**Abb. 8.8.** Makroskopische Aufnahme eines Neon-Fisches (vergl. Abb. 9.19), dessen vorderer Bereich und Flossen durch *Chilodonella* getrübt wurden.

*nella* nach außen eine schützende Wand (= Cyste) ab und kann daher auf dem Boden des Aquariums eine längere Zeit überleben, stirbt allerdings ohne Enzystierung und ohne Wirt bald ab.

**Übertragung.** Körperkontakt; frei bewegliche Ciliaten suchen schwimmend ihre Wirte auf.

**Symptome der Erkrankung.** Starker Befall tritt wiederum lediglich bei geschwächten Fischen auf: charakteristisch ist die weißliche Hauttrübung (beginnt mit 0,5 bis 5 mm grossen Stellen) infolge von sekundären Bakterieninfektionen (Abb. 8.8); starker Befall der Kiemen führt zudem zu Atemnot und Scheuern der Kiemendeckel an Steinen etc. Massenbefall zieht schnell den Tod der betroffenen Fische nach sich.

**Diagnosemöglichkeiten.** Mikroskopische Untersuchung von Hautabstrichen.

**Vorbeugung.** Sofortige Entnahme verdächtiger Fische aus dem Aquarium, da sich die Parasiten nur auf lebenden Tieren aufhalten und sich nach deren Tod schnell einen neuen Wirt suchen; Wasserwechsel.

**Bekämpfungsmaßnahmen:**
1. Medizinalbad:
    - Kochsalz (NaCl), 10–15 g/l für 30 min.
    - Methylenblau, 0,3–0,5 g/100 l, für 5 Tage.
2. Medizinalfutter:
    - Neu: Tetra-Medica-Medizinalflocken: 4 Tage, 1 x täglich nach Belieben.

### 8.1.7 Festsitzende Ciliaten (*Apiosoma* und Verwandte)

**Fundort.** Haut und Kiemen; selbst die Hornhaut der Augen ist häufig befallen.

**Auftreten.** Zahlreiche Arten treten bei Süß- und Salzwasserfischen auf.

**Biologie und Merkmale.** Mehrere Arten der festsitzenden Ciliaten-Gattungen *Apiosoma* (syn. *Glossatella*) und *Epistylis* sitzen mit Stielen (*Epistylis*) oder mit Haftscheiben (*Apiosoma*)fest verankert auf der Haut von Fischen (Abb. 8.9, 8.10). Sie werden etwa 0,1–1 mm lang und sind durch eine kranzförmige Bewimperung an der freien Oberfläche

**Abb. 8.9.** *Apiosoma* sp. Rasterelektronenmikroskopische Aufnahme eines festsitzenden Ciliaten. x 50.

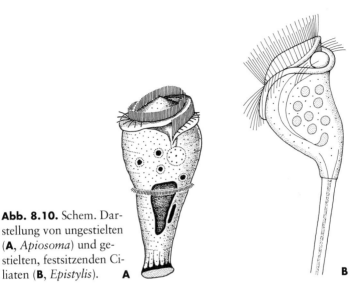

**Abb. 8.10.** Schem. Darstellung von ungestielten (**A**, *Apiosoma*) und gestielten, festsitzenden Ciliaten (**B**, *Epistylis*).

ihres zylindrisch, kelchförmig bis konisch gestalteten Zellkörpers ausgezeichnet (Abb. 8.9). Sie ernähren sich als Strudler von organischem Material, das insbesondere auf entzündeten Hautbereichen von Fischen in reichlichem Maße vorhanden ist. Die Vermehrung erfolgt durch Abschnürung von Schwärmern, die sich auf dem gleichen oder einem anderen Fisch festsetzen. Einige Arten bilden auch Zysten auf dem Boden.

**Übertragung.** Schwärmer suchen gezielt geschwächte Haut- und Kiemenbereiche auf.

**Symptome der Erkrankung.** Das massenhafte Auftreten dieser festsitzenden Stadien bewirkt offenbar eine Reizung der betroffenen Epithelbereiche und zieht eine heftige Schleimbildung nach sich, die wiederum Ausgangspunkt für eine Bakterienvermehrung sein kann. Bei Massenbefall der Kiemen kommt es zu akuter Atemnot, bei starkem Befall der Haut zu Vergiftungserscheinungen durch Blockade des Stoffaustausches. Beides kann zum Tode führen.

**Diagnosemöglichkeiten.** Nachweis der Ciliaten bei Betrachtung der Haut mit einer Handlupe.

**Vorbeugung.** Besatzdichte der Fische im Becken verringern, generelle Haltungsbedingungen verbessern.

**Bekämpfungsmaßnahmen:**
1. Medizinalbad:
    - Kochsalz (NaCl), 10–15 g/l Wasser für 30 min.
    - ContraIck® (Fa. Tetra).
2. Medizinalfutter:
    - Tetra-Medica-Medizinalflocken: 6 Tage, 1 x täglich nach Belieben.

## 8.1.8 Grieskörnchenkrankheit (*Ichthyophthirius multifiliis*)

> *Wirkt der Fisch wie paniert,*
> *ihn der Pickel von Ichthyo ziert.*

**Fundort.** Gesamte Haut, Kiemen und Flossen, wie auch in der Hornhaut des Auges.

**Auftreten.** Zahlreiche Süßwasserfische; der Parasit ist nicht wirtsspezifisch.

**Biologie und Merkmale.** Der Befall eines Fisches beginnt mit dem aktiven Eindringen eines völlig bewimperten, etwa 0,03–0,05 mm langen Schwärmers (Tomit) in den Bereich zwischen der Epidermis (Oberhaut) und Corium (Unterhaut, Abb. 8.13). Durch ständig rotierende Bewegungen

**Abb. 8.11.** Makroskopische Aufnahme eines roten Neon, der entlang seiner Bauchseite eine Reihe weißer, sog. »Ichthyokörner« zeigt (vergl. gesunder roter Neon, Abb. 9.19).

gräbt dieses Stadium lange Gänge, in die weitere Schwärmer eindringen können (Abb. 8.12B). Durch starke Nahrungsaufnahme wächst dieses Stadium, das nach dem Eindringen auch als Trophozoit bezeichnet wird und durch seinen hellen, U-förmigen Makronukleus (einer der beiden Zellkerne) gekennzeichnet ist (Abb. 8.12C) heran und wird somit äußerlich mit bloßem Auge als weiße, bis 1,5 mm große, grieskornartige Pustel sichtbar (Abb. 8.11; Name!). Die Nahrung der Trophozoiten besteht aus losgelösten Hautpartikeln und Körperflüssigkeit. Bei einer Wassertemperatur von etwa 22 °C ist das Heranwachsen des Trophozoiten in 10–14 Tagen abgeschlossen (bei niedriger Temperatur dauert es länger, bei höherer geht es schneller (z.B. 27 °C: nur 4–5 Tage). Allerdings variieren diese Zeiten auch bei den verschiedenen Fischarten. Dann schlüpfen diese Trophozoiten aus der Fischhaut, enzystieren sich auf dem Boden in einer gallertartigen Kapsel und beginnen bereits nach 1 h mit der Schwärmerbildung (Abb. 8.13). Zu ersten Teilungsschritten wird das Plasma des Trophozoiten in vier Teile (Quadranten) untergliedert, die nach der Ausscheidung einer eigenen Wand unabhängig voneinander durch Zweiteilungen mit der Bildung von Schwärmern be-

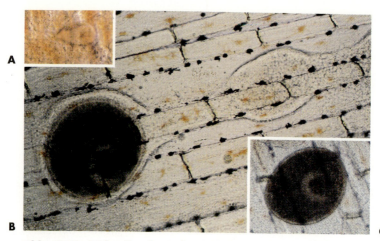

**Abb. 8.12.** Lichtmikroskopische Aufnahmen der Entwicklungsstadien von *I. multifiliis* in der Fischhaut. **A.** Eindringender Schwärmer. x 100. **B.** Trophozoit wandert unter der Haut in Gängen. x 25. **C.** Stationärer Trophozoit mit hellem, deutlichen U-förmigen Kern. x 15.

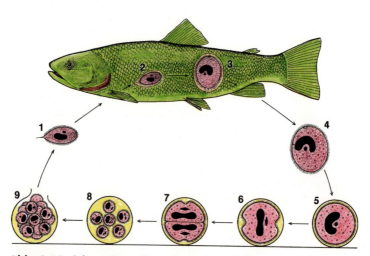

**Abb. 8.13.** Schem. Darstellung des Lebenszyklus von *I. multifiliis*. 1. Freibewegliche Schwärmer, 2. eingedrungene Schwärmer, 3. herangewachsener Trophozoit, 4. Trophozoit verläßt nach Wachstum den Fisch, 5–9 Teilungen in Bodencysten (vergl. Text).

ginnen und so zusammen max. 1024 Schwärmer produzieren. Diese Stadien verlassen je nach Wassertemperatur frühestens nach 7 h (meist erst nach 24–48 h) über eigene Ausgänge der Quadranten die Cyste und suchen sich einen Wirt, den sie aber binnen 48 h gefunden haben müssen, um zu überleben.

**Übertragung.** Aktives Aufsuchen der Wirte durch bewimperte Schwärmer.

**Symptome der Erkrankung** (Weißpünktchenkrankheit, Grieskornkrankheit). Die namensgebenden weißen Pusteln werden zuerst auf den Flossen bemerkt (wegen besserer Durchsicht) und später auf dem gesamten Körper. Zuvor kann bereits bei starkem Befall der Kiemen akute Atemnot auftreten, begleitet von Freßunlust, Flossenzucken, scheuernden Bewegungen, Schaukeln. Lange andauernde, starke Infektionen führen zu schneller Abmagerung und häufig zum Tod. Die von einigen Fischarten berichtete teilweise Immunität nach überlebter Infektion gilt für viele Fischarten nur bedingt. Faustregel ist, daß eine Infektion insbesondere bei Jungtieren oder gestreßten älteren Tieren schnell zu schwersten Krankheitssymptomen mit Todesfolge führt. Welches Tötungspotential in einem »Ichthyo«-Befall steckt, zeigen die Befunde, daß im Experiment bereits 50–100 Schwärmer ausreichen, Jungfische in 1–3 Tagen zu töten. In vielen Fällen kommt es auch zur Erblindung durch das Auftreten von Wandergängen der Trophozoiten unter der Hornhaut des Auges.

**Diagnosemöglichkeiten.** Mikroskopische Untersuchungen von Hautabstrichen vor dem Auftreten der weißen Pünktchen. In jedem Fall sollte aber auch der Inhalt der weißen Pünktchen mikroskopisch untersucht werden, um einen Befall mit Mikrosporidien bzw. Myxozoen (s.S. 59, 60) auszuschließen.

**Vorbeugung.** Quarantäne von Pflanzen und Fischen vor Neubesatz; schnelles Entfernen von verdächtigen Fischen und nachfolgender Wasserwechsel mit Absaugen des Bodenmulms, UV-Bestrahlung des gefilterten Wassers.

**Bekämpfungsmaßnahmen:**
1. Umsetzmethode:
    Bei gleichzeitiger Erhöhung der Wassertemperatur auf 26–27 °C (artspezifische Grenzen unbedingt beachten) werden die Fische eines verdächtigen Bestandes für 12 h in ein Quarantänebecken gesetzt. Bevor die Schwärmer aus den abgefallenen Trophozoiten schlüpfen, werden die Fische in ein weiteres, sauberes Becken für ebenfalls 12 h gebracht. Dies wird für etwa 5–7 Tage wiederholt. Das Verfahren eignet sich allerdings nur bei relativ **schwachem Befall**, da diese Parasitenbekämpfung nur langsam verläuft und starker Befall zuvor die Fische töten würde. Bei Kaltwasserfischen, bei denen eine Temperaturerhöhung nicht ratsam ist, eignet sich das Verfahren wegen der langsamen Entwicklung der Ciliaten (s.o.) im Fisch nicht.
2. Medizinalbad gegen Trophozoiten in der Haut:
    – ContraIck® (Fa. Tetra).
    **Achtung:** für einige; u.a. auch sauerstoffliebende Fischarten besteht Unverträglichkeit; für starke Belüftung im Therapiebecken sorgen. Bei dennoch bleibender Unverträglichkeit kann dann die Dosis halbiert oder geviertelt werden (Erprobung an Einzeltieren!).
3. Medizinalfutter:
    – **Neu:** sehr effektiv: Tetra-Medica-Medizinalflocken für 7 Tage, 1 x täglich nach Belieben bzw. MediSticks.
    **Achtung:** Es ist daran zu denken, daß im Aquarium befindliche Schwärmer aus Bodencysten für neue Infektionsgefahr sorgen, daher Wiederholung!

## 8.1.9 Seewasser-Ichthyo (*Cryptocaryon irritans*)

> *Bleibt der Pickel vornehm klein,*
> *kann er nur von Crypto sein.*

**Fundort.** Haut und Kiemen.

**Auftreten.** Tropische Seewasserfische.

**Biologie und Merkmale.** Der Lebenszyklus von *C. irritans* gleicht dem von *I. multifiliis* (s.S. 52). Die Schwärmer (Abb. 8.14A) werden hier etwa 0,03 mm lang und sind von birnenförmiger Gestalt. Sie müssen binnen 24 h einen Wirt finden. In den von ihnen gebohrten Gängen unter der Haut wachsen sie in wenigen Tagen zu den max. 0,5 mm großen Trophozoiten heran (Abb. 8.14B), die dann den Fisch wieder verlassen, sich am Boden enzystieren und in temperaturabhängiger Zeit (von 6–9 Tagen) max. etwa 256 Schwärmer entstehen lassen. Die Trophozoiten von *C. irritans* sind durch einen in Form von 4 hellen Bereichen erscheinenden Makronukleus sowie durch die Anhäufung von hellen Zelleinschlüssen (Nahrungsvakuolen) eindeutig zu erkennen (Abb. 8.14C, D).

**Übertragung.** Die freibeweglichen Schwärmer suchen einen Wirtsfisch auf.

**Symptome der Erkrankung** (Seewasser-Ichthyo). Weißliche, nicht abwischbare Pünktchen von max. 0,5 mm Größe; sonst Symptome wie bei *I. multifiliis*; häufig tritt auch durch extreme Hornhauttrübung des Auges Blindheit ein (Abb. 8.15).

**Diagnosemöglichkeiten, Vorbeugung und Therapie.** Vergl. Süßwasser-Ichthyo, s.S. 54.

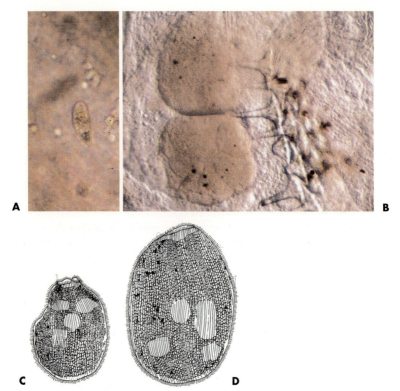

**Abb. 8.14.** *C. irritans.* **A, B.** Lichtmikroskopische Aufnahmen eines eindringenden, vorn zugespitzten Schwärmers (**A**) und zweier heranwachsender Trophozoiten (**B**) in der Haut. x 100. **C, D.** Schem. Darstellung von heranwachsenden Trophozoiten. Die hellen Bereiche stellen den Makronukleus dar (nach Reichenbach-Klinke).

**Abb. 8.15.** Rotschwanz-Hawaii-Doktorfisch (*Acanthurus achilles*) mit *Cryptocaryon*-Befall. Zahlreiche kleine weiße Pünktchen (Pfeile) wie auch die Augentrübung deuten schon äußerlich darauf hin. Daneben findet sich noch eine parasitenbedingte Hauttrübung zwischen Brust- und Bauchflossen.

## 8.1.10 Weitere Ciliaten (*Tetrahymena*-Arten) und Verwandte

*Ein Ciliat hat viele Wimpern,
sie fehlen dem Fisch zum Klimpern.*

**Fundort.** Verletzte Hautbereiche, Kiemen.

**Auftreten.** Süßwasserfische.

**Biologie und Merkmale.** Eine Reihe sehr gut beweglicher, etwa 0,05 mm langer, freilebender, holotricher (= völlig bewimperte) Ciliaten können sich insbesondere in ungepflegten Aquarien ausbreiten und dann in Verletzungsbereichen der Fische massenhaft nachgewiesen werden. Sie werden hier auch festsitzend angetroffen, oder sie dringen sogar in den Körper ein. Sie können dann gelegentlich so zu

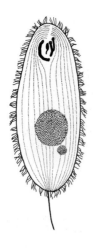

**Abb. 8.16.** Schem. Darstellung des parasitären Stadiums von *T. corlissi*, das durch eine lange Schleppwimper gekennzeichnet ist und einen Zellmund mit vier Cilienreihen aufweist (nach de Puytorac).

parasitärer Lebensweise übergehen; dies erfolgt aber stets nur bei geschwächten Tieren und vermutlich nur als sekundärer Befall nach einer anderen Infektion. Häufig tritt bei Fischen *Tetrahymena corlissi* (Abb. 8.16) auf; die Vermehrung findet in einer Bodencyste statt.

**Übertragung.** Aktives Aufsuchen durch die schwimmenden Ciliaten.

**Symptome der Erkrankung.** Flächige Hautzerstörungen durch Fressen von Hautpartikeln, Entzündungen, Abmagerung.

**Diagnosemöglichkeiten.** Mikroskopische Untersuchung von Hautabstrichen.

**Vorbeugung.** Regelmäßiger Wasserwechsel, Aquarienhygiene, Isolierung befallener Tiere.

**Bekämpfungsmaßnahmen.** Vergl. *Apiosoma*, s.S. 50.

## 8.1.11 Mikrosporidien

Beim Vermehrungsprozeß von Mikrosporidien bilden sich äußerlich sichtbare größere, helle Beulen (Abb. 8.17, 8.18) oder kleine weißliche Pusteln aus, so daß der Eindruck des unmittelbaren Befalls der Haut bzw. der Kiemen entsteht. Tatsächlich liegen die Vermehrungsstadien (nach oraler Infektion) in tieferen Organen und werden daher auch bei Betrachtung dieser Systeme dargestellt (s.S. 130).

8.17

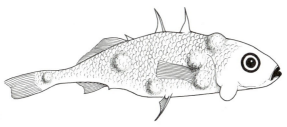

8.18

**Abb. 8.17.** Makroskopische Aufnahme eines dreistachligen Stichlings (*Gasterosteus aculeatus*) der drei Mikrosporidien-Beulen hinter dem Kiemendeckel sowie einen geschwollenen Bauch wegen Bandwurmbefalls aufweist. Infolge des starken Parasitenbefalls ist der Fisch abgemagert (vergl. auch eingefallene Augen).

**Abb. 8.18.** Schem. Darstellung eines Stichlings mit Mikrosporidienbeulen.

## 8.1.12 Myxozoa

> *Ist das Rückgrat erst gekrümmt,*
> *der Fisch die Kurve leichter nimmt.*

**Fundort.** Flossen, Haut, Kiemen und nahezu alle inneren Organe (s.S. 134).

**Auftreten.** Süß- und Salzwasserfische.

**Biologie und Merkmale.** Die meisten Myxozoa der Zierfische sind durch Cysten mit einer zweiklappigen Schale sowie durch eine artspezifische Anzahl von Polkapseln gekennzeichnet. Diese Polkapseln, die an einem Pol oder an beiden Polen der Cyste auftreten können, enthalten je einen soliden Faden, mit dem sich die Sporen am Wirtsgewebe (nach ihrer oralen Aufnahme durch den Fisch) verankern (Abb. 8.19, 8.20).
Nach der Schalenöffnung im Darm verläßt das Sporoplasma die geöffnete Schale, dringt in das Bindegewebe ein und wächst zu einem vielkernigen Gebilde von oft mehr als 1 mm Durchmesser heran. In diesem Gebilde erfolgt dann in einem über mehrere Monate laufenden, komplizierten Prozeß die Ausbildung zahlreicher Sporen. Dabei können diese »Pansporoplasten« und das sie umschließende Gewebe des Wirts zusammen mehrere mm Durchmesser erreichen und so mit bloßem Auge sichtbar werden. In diesen Bildungsstätten bleiben die Sporen für Jahre (!) infektionsfähig und werden oft erst nach dem Tod des Fisches frei. Platzt allerdings eine derartige Cyste in »dünnhäutigen« Bereichen wie etwa in den Kiemen oder in den Flossen, so kann es auch zur völligen Durchseuchung in einem Aquarium kommen. Arten folgender Gattungen sind bei Aquarienfischen häufiger beobachtet worden:

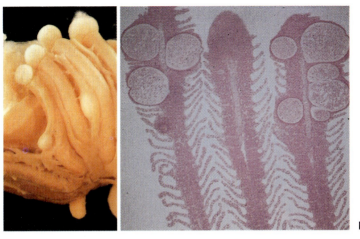

**Abb. 8.19.** Myxozoa. **A, B.** Kiemen mit makroskopisch sichtbaren *Myxobolus*-Cysten (**A**) und kleineren im Schnitt (**B**). x 20.

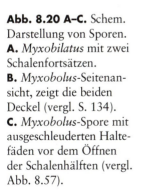
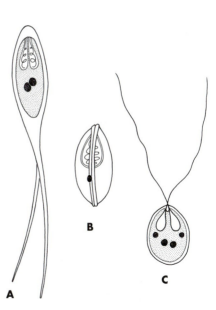

**Abb. 8.20 A–C.** Schem. Darstellung von Sporen.
**A.** *Myxobilatus* mit zwei Schalenfortsätzen.
**B.** *Myxobolus*-Seitenansicht, zeigt die beiden Deckel (vergl. S. 134).
**C.** *Myxobolus*-Spore mit ausgeschleuderten Haltefäden vor dem Öffnen der Schalenhälften (vergl. Abb. 8.57).

**A, B** 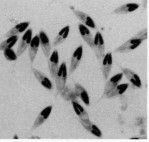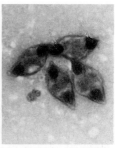 **C**

**Abb. 8.21.** Lichtmikroskopische Aufnahmen von Sporen vom *Henneguya*- (**A, B**) und *Myxidium*-Typ (**C**). **A.** Ungefärbte Sporen. x 500. **B, C.** Fixierte Stadien zeigen die beiden Polkapseln. x 1000.

1. *Henneguya*. Die Sporen besitzen zwei Polkapseln (Abb. 8.20A, 8.21) und bis zu 0,06 mm lange, fadenförmige Fortsätze. Sie bilden bis 1 mm große, weißliche, von Bindegewebe umschlossene Cysten (Knötchen) in den Flossen, Kiemen und auch Augen (!).
2. *Thelohanellus*. Hier weisen die Sporen nur eine Polkapsel auf; sie entstehen in etwa 2 mm großen Cysten in den Flossen.
3. *Myxobolus*. Die Arten dieser Gattung sind durch Sporen mit 2 Polkapseln am gleichen Pol charakterisiert (Abb. 8.20B). Sie entstehen in 3–6 mm großen Cysten, die sich in nahezu allen Organen der Fische entwickeln.
4. *Myxidium*. Die Arten dieser Gattung weisen je eine Polkapsel an den beiden Polen der Sporen auf. Sie treten ebenfalls in allen Organen in unterschiedlich großen Knötchen auf (Abb. 8.21C).

**Übertragung.** Die im Wasser schwebenden bzw. im Bodenmulm liegenden Sporen werden mit der Nahrung aufgenommen und dringen offenbar über den Blutstrom in die befallenen Organe ein. Manche Arten der Gattung *Myxobolus* sollen durch den Verzehr von sporenhaltigen Cysten in Zwischenwirten (z.B. *Tubifex*-Würmer) in die Fische gelangen.

**Symptome der Erkrankung.** Es treten je nach Art überaus unterschiedliche Krankheitsbilder auf. Bleibt es bei der Knötchenbildung in den Flossen bzw. in der Haut, so ist keinerlei Beeinträchtigung zu bemerken. Werden dagegen die Kiemen bzw. wichtige innere Organe befallen (Abb. 8.19A, B), so ist der Tod unausweichlich. Stärkerer Befall des Knorpels führt auch zur Verkrümmung der Skelettelemente (Abb. 8.57C, 9.4) und dann zur Veränderung der Schwimmbewegung.

**Diagnosemöglichkeiten.** Makroskopisches Erkennen der Cysten (Knötchen), mikroskopischer Nachweis der artspezifischen Sporen.

**Vorbeugung.** Schnelles Entfernen von verdächtigen bzw. toten Fischen aus dem Aquarium, Absaugen des Bodenmulms, häufiger Wasserwechsel, UV-Bestrahlung des gefilterten Wassers.

**Bekämpfungsmaßnahmen.** Eine Chemotherapie ist zur Zeit noch in der Entwicklung; alle auf dem Markt befindlichen Substanzen wirken nicht, so daß bei wertvollen Fischen lediglich die Tötung befallener Individuen bleibt. Von der in anderen Büchern beschriebenen manuellen Entfernung von Knötchen ist abzuraten, da dabei Sporen freiwerden könnten, die dann auf andere Fische übertreten. Bei einer bereits aufgetretenen Epidemie muß das Becken, der Sand und Steine etc. mit kochendem Wasser desinfiziert werden. Sind extrem wertvolle Zierfische befallen, so können die Leser sich telefonisch bei den Autoren über die sehr gute Wirkung von Triazinonen (z.B. Toltrazuril) erkundigen (vergl. Mehlhorn et al. 1988).

## B. Würmer

> *Ein Würmchen sprach zur Mama:*
> *»Ich nehm' den Fisch und Du bleibst da«.*
> *Doch statt auf die Haut gelangt er in den Rachen,*
> *wo seinesgleichen selten Freude machen,*
> *so daß der Fisch ihn tiefbeglückt*
> *gleich beim Frühstück mitverdrückt.*

### 8.1.13 Monogenea (Kiemen- und Hautwürmer)

**Fundort.** Haut, sehr häufig in großer Anzahl in den Kiemen.

**Auftreten.** Süß- und Salzwasserfische.

**Biologie und Merkmale.** Die zwittrigen Monogenea gehören zu den Plattwürmern und sind durch einen art- bzw. gattungsspezifischen, oft sehr kräftig bewehrten hinteren Halteapparat ausgezeichnet (Abb. 8.24, 8.25). Bei Aquarienfischen können eine extrem große Anzahl von Monogeneen-Arten in großer Individuendichte auftreten, die von 0,05 mm bis etwa 2 cm lang werden können, sich bei Aquarienfischen aber stets im mm-Bereich bewegen. Bemerkenswert an ihrer Entwicklung ist, daß sie sich ohne Generationswechsel direkt über eine schwimmfähige Larve (Oncomiracidium) entwickeln. Diese Oncomiracidien befallen neue Fische und entwickeln sich dann evtl. über ein weiteres Larvenstadium zum geschlechtsreifen Zwitter. Prinzipiell kann zwischen eierlegenden Arten (z.B. Gatt. *Dactylogyrus, Diplozoon*) und lebendgebärenden Arten (z.B. *Gyrodactylus*) unterschieden werden (Abb. 8.24, 8.25). Bei den larvenabsetzenden Arten kommt es häufig zu einem Massenbefall (Abb. 8.22) des bereits infizierten Fisches. Die Eier der anderen Monogeneen sind meist mit langen Fortsätzen versehen, so daß sie häufig in den Kiemen von Fischen hängenbleiben (Abb. 8.26A). Je nach Art fressen die Monogeneen Hautschleime oder Wirtszellen, andere saugen Blut und/oder Lymphe.

**Abb. 8.22.** Makroskopische Aufnahme eines geöffneten Kiemenbereichs mit zahlreichen Monogeneen.

**Abb. 8.23.** Makroskopische Aufnahme eines Kiemenwurms der Gattung *Gyrodactylus*, der mit seinem Hinterende zwischen den Kiemen steckt. Die Blutgefäße der Kiemen schimmern rechts und links durch. x 40.

**A** **B**

**Abb. 8.24.** Rasterelektronenmikroskopische Aufnahmen von Kiemenwürmern der Gatt. *Gyrodactylus* (**A**), der sich mit seinem hinteren Halteapparat auf der Haut eines Fisches verankert hat, und dem sog. Doppeltier *Diplozoon* (**B**), bei dem zwei Tiere zeitlebens miteinander verschmolzen sind. x 50.

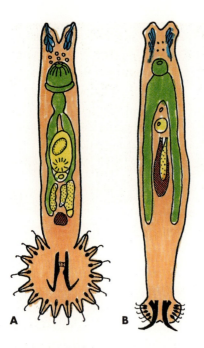

**Abb. 8.25.** Schem. Darstellung von Vertretern der Gattungen *Gyrodactylus* (**A**) und *Dactylogyrus* (**B**). Darm: grün; Hoden: rot; Ovar/weibliches System: gelb; Haftdrüsen: blau.

**Übertragung.** Freischwimmende, bewimperte Oncomiradidium-Larven suchen den Wirtsfisch (häufig artspezifisch!) auf; eine Übertragung durch Körperkontakt von Fischen mit befallenen Individuen ist ebenfalls möglich.

**Symptome der Erkrankung.** Der Befall mit Monogeneen ist eine der häufigsten Todesursachen bei Aquarienfischen. Wenn die Kiemen befallen sind (Abb. 8.22), ist immer die Atmung beeinträchtigt, was sich in den typischen Symptomen (beschleunigte Atmung, Abspreizen der Kiemendeckel, Luftschnappen etc.) äußert. An den Ansatzstellen wie auch im Fraßbereich der Monogeneen wird stets das Hautepithel der Fische verletzt, es kommt dann zu Blutungen und häufig zu bakteriellen Sekundärinfektionen, die die Tiere schwächen, was sich in Schreckfärbungen, Apathie, Freßunlust, Gewichtsverlusten bis zum schnellen Tod fortsetzen kann. Da Monogeneen sehr wirtsspezifisch sind, können in

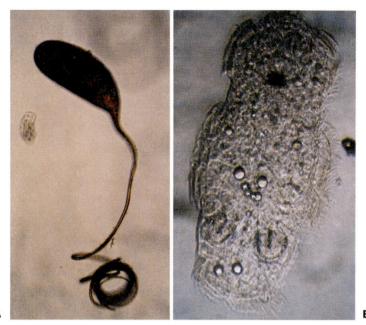

**Abb. 8.26.** Lichtmikroskopische Aufnahmen eines mit einem langen Fortsatz versehenen Eies von *Diplozoon* (**A**) und einer Larve (Oncomiracidium, **B**), die den Fisch befällt. **A.** x 500, **B.** x 100.

Becken, die mit mehreren Fischarten besetzt sind, alle Vertreter einer Art sterben, während die anderen Fische unbehelligt bleiben. Eine Ausnahme macht allerdings die Art *Benedenia* sp., die bei vielen Salzwasserfischen parasitieren und somit im Becken übertreten kann.

**Diagnosemöglichkeiten.** Lupeninspektion der Haut und der Kiemen bei betäubten Tieren (s.S. 21); Nachweis im Kiemenabstrich.

**Vorbeugung.** Untersuchung einzusetzender Fische und Quarantäne; häufiger Wasserwechsel. **Achtung:** Schwacher Befall ruft keine Krankheitssymptome hervor, kann also unbemerkt bleiben.

**Bekämpfungsmaßnahmen.** Medikament der Wahl ist Praziquantel (Droncit®), das problemlos bei allen Salz- und Süßwasserfischen (Knorpel-, Knochenfische) in Form des Medizinalbades eingesetzt werden kann. Es wirkt sowohl gegen die adulten als auch larvalen Würmer, wie auch z.T. gegen die Eistadien. Das Mittel wurde bisher problemlos bei über 100 Fischarten eingesetzt. Nebenwirkungen auf Schnecken im Aquarium sind nicht festgestellt worden. Die Behandlung sollte dennoch in separaten Becken durchgeführt werden. Die handelsübliche Tablette Droncit® (Inhaltsmenge beachten) wird zerstäubt, in 1–2 ml unvergälltem, 100%igen Ethanol-Alkohol gelöst und in die entsprechende Wassermenge eingerührt. Als **beste Dosis** haben sich bisher 10–20 mg Praziquantel pro l Wasser für 3 h bei 22 °C bewährt. Zudem gibt es eine nur **apothekenpflichtige,** 5,6prozentige Droncitlösung. Ein ml dieser Lösung in ein Medizinalbad von 2,5 bzw. 5 l Wasser führt ebenfalls zur optimalen Konzentration (s.o.). Die Behandlungsdauer kann bis auf 3 Tage (unter Beobachtung) ausgedehnt werden (vergl. S. 126).

### 8.1.14 Digenea

**I. Schuppenwurm: *Transversotrema sp.***

*Ein Neon seine Schuppe spreizt,*
*wenn ihn der Egel allzu reizt.*

**Fundort.** Unter den Schuppen.

**Auftreten.** Einige Süß- und Salzwasserarten, häufig bei Neons.

**Biologie und Merkmale.** *Transversotrema* sp. gehört zu den Saugwürmern (digene Egel), die vornehmlich als Endo-

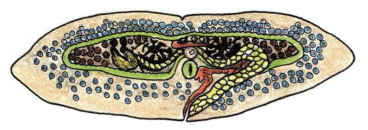

**Abb. 8.27.** Schem. Darstellung des adulten Schuppenegels *Transversotrema* sp. (nach Yamaguti). Darm = grün; Dotterstock = blau; Ovar, Uterus = gelb; männl. System = rot.

parasiten innere Organe befallen (s.S. 124). Diese Art lebt allerdings ektoparasitisch und ernährt sich von Hautresten und vom Blut ihrer Wirte. Die nur etwa 3–5 mm großen, geschlechtsreifen Egel sind Zwitter und haben im Gegensatz zum typischen Digenea-Bauplan (s.S. 125) eine quere Anordnung der Organe. So befindet sich ihr Bauchsaugnapf in der Mitte des ovalen Körpers, ein Mundsaugnapf fehlt (Abb. 8.27). Die Mundöffnung erscheint als zentraler Schlitz in der Nähe des Bauchsaugnapfs. Die Geschlechtsöffnungen (♀, ♂) liegen am vorderen Rand ebenfalls in der Mittelachse. Der Lebenszyklus dieses Schuppenegels ist an bestimmte Wasserschnecken gebunden, die bei seiner Einschleppung in einem Becken vorhanden sein müssen, um den Zyklus weiterlaufen zu lassen und so zu einer Ausbreitung im Becken zu führen. Die aus den Schnecken austretenden Larvenstadien (sog. Gabelschwanz-Cercarien) wandern dann wieder unter die Schuppen von Fischen, wo schließlich die Bildung der geschlechtsreifen Egel erfolgt.

**Übertragung.** Bei Körperkontakt kommt es zum Übertritt einzelner adulter Egel; Neubefall mit Larven erfolgt nur nach vorheriger Vermehrung in Schnecken.

**Symptome der Erkrankung.** Starker Befall mit den unter den Schuppen sitzenden Egeln führt zu Entzündungen und sekundären Infektionen; ihr massenhaftes Auftreten bedingt eine starke Schwächung durch Blutverluste evtl. mit Todesfolge.

**Diagnosemöglichkeiten.** Äußere Inspektion der Beschuppung mit einer Lupe.

**Vorbeugung.** Voruntersuchung von Fischen vor dem Einsatz in ein neues Becken; Meidung tropischer Schnecken in Aquarien (insbesondere Eigenimporte).

**Bekämpfungsmaßnahmen.** Medikament der Wahl ist Praziquantel (Droncit®) im Medizinalbad: 20 mg/l für 90 min, 10 mg/l bis zu 48 h (s.S. 68; vergl. S. 126).

### II. Metacercarien (u.a. Schwarzfleckenkrankheit)

*Erscheint der Rote Neon schwarz gefleckt, der Wurm in seiner Pelle steckt.*

**Fundort.** Auf der Haut und besonders häufig an den Flossen.

**Auftreten.** Süß- und Brackwasserfische, die von Vögeln gefressen werden.

**Biologie und Merkmale.** Einige Arten sog. digener Saugwürmer (sie entwickeln mehrere Generationen im Zyklus) der Gatt. *Heterophyes*, *Posthodiplostomum*, *Bucephalus* parasitieren im Darm von Vögeln (Endwirt). Mit dem Kot ausgeschiedene Eier enthalten Wimperlarven (Miracidien), die nach dem Schlüpfen im Wasser Schnecken (manchmal auch Muscheln) befallen. Nach einigen Vermehrungsgenerationen verläßt eine als Cercarie bezeichnete, schwimmfähige

**Abb. 8.28.** Metacercarien in der Fischhaut (**A:** Flosse, **B:** Schuppenbereich) (Vergleiche Abb. 8.41B).

Larvengeneration die Schnecke und dringt in Fische ein. Nach einer kurzen Wanderphase im Fisch enzystiert sich dieses Stadium in der Muskulatur bzw. Haut als Metacercarie (Abb. 8.28). Dieser Prozeß reizt das Wirtsgewebe zur Bildung einer lokalen Schwarzfärbung durch Pigmentanhäufung (Melanisierung). Wird ein solcher Fisch vom Endwirt Vogel gefressen, entsteht aus jeder Metacercarie ein geschlechtsreifer Wurm. Diese Metacercarien besitzen zwar schon den gegabelten Darm des späteren Adultstadiums, die Geschlechtsorgane sind jedoch noch nicht ausgebildet.

**Übertragung.** Schwimmfähige Cercarien dringen aktiv in die Fische ein.

**Symptome der Erkrankung.** Auftreten von inneren Blutungen, Hauterhebungen; bei manchen Wurmarten erscheinen schwarze Pigmentflecke auf der Haut (Abb. 8.28); generelle Schwächung bis hin zum Tod, allerdings nur bei Massenbefall.

**Diagnosemöglichkeiten.** Erkennen der makroskopisch sichtbaren Pigmentflecken.

**Vorbeugung.** Kein Einbringen von Schnecken bzw. Muscheln aus dem Freiland (ohne mindestens 6-wöchige Quarantäne).

**Bekämpfungsmaßnahmen.** Behandlung stark befallener, wertvoller Fische mit Praziquantel (Droncit® Dosis: 5–10 mg/kg Körpergewicht im Futter).

### 8.1.15 Fadenwürmer (Nematoden)

Bei den Nematoden handelt es sich um lange, meist relativ schlanke, im Querschnitt stets drehrunde Würmer von weißlicher oder (nach Saugen von Blut) rötlicher Färbung, die sich schlängelnd fortbewegen. Die meisten Arten der Fadenwürmer leben bei Fischen als geschlechtsreife Tiere im Darm (s.S. 113) oder als Larven in den verschiedensten Organen (s.S. 128). Auf der Oberfläche treten bei Aquarienfischen meist nur zwei miteinander verwandte Nematodengruppen in Erscheinung, deren Artbestimmung im einzelnen häufig sehr schwierig ist, was aber für die Bekämpfung unerheblich bleibt.

### I. Fräskopfwurm (*Camallanus* sp.)

*Der rote Wurm im Darme hängt,*
*sein Hinterende nach draußen drängt,*
*so behindert er auf diese Weise*
*die Abgabe der verdauten Speise.*

**Fundort.** Würmer hängen aus dem After heraus.

**Auftreten.** Süß- und seltener bei Salzwasserfischen; besonders häufig bei Guppies und Mollies.

**Abb. 8.29.** *Camallanus* sp. Makroskopische Aufnahme eines adulten Weibchens. x 10

**Biologie und Merkmale.** Zur Gattung *Camallanus* gehören eine Reihe von Arten, die bei Fischen im Enddarm parasitieren und sich daher durch Blutsaugen ernähren. Dabei sind sie mit ihrem Vorderende, dessen namensgleiche Form dem Fräser eines Bohrers gleicht (Abb. 8.29, 8.30), in der Darmwand fest verankert. Die Männchen werden 3–4 mm lang, die Weibchen erreichen je nach Art 7–12 mm und ragen stets einige mm aus dem After heraus, ziehen sich bei kleinen Störungen sofort zurück und sind daher bei betäubten Fischen mit Pinzetten nicht zu entfernen. Die einheimischen Arten legen larvenhaltige Eier ab. Die während oder kurz nach der Eiablage schlüpfenden Larven (L 1) werden von Zwischenwirten wie Flohkrebsen, Wasserasseln oder Insektenlarven aufgenommen und erlangen dort Infektionsfähigkeit (= Reifung zur Larve 3). In den Zwischenwirten werden sie auch angereichert, so daß die Infektion mit beiden Geschlechtern von Würmern beim Fressen eines einzigen Zwischenwirts erfolgen kann. Wegen ihres Zyklus sind diese Arten in Zierfischaquarien nicht sehr verbreitet. In den Aquarien in Deutschland haben sich aber seit Mitte der

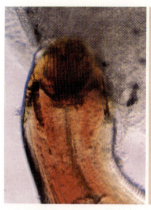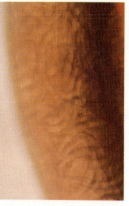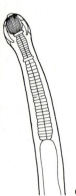

**A, B** **C**

**Abb. 8.30.** *Camellanus* sp. **A, C.** Vorderende, zeigt den namensgebenden Mundbereich. **B.** Ausschnitt des mittleren Abschnitts eines Weibchens, dessen Uteri bereits zahlreiche Larven enthalten. Beide lichtmikroskopischen Aufnahmen. x 40.

60er Jahre asiatische *Camallanus*-Arten (u.a. *C. cotti*) ausgebreitet. Sie sind stets lebendgebärend (Abb. 8.30C) und die Larven können nach direkter oraler Aufnahme durch den Fisch (= ohne Zwischenwirt!) in dessen Darm die Geschlechtsreife erlangen. Diese »Vereinfachung« des Entwicklungszyklus ermöglichte diesen asiatischen Vertretern eine größere Verbreitung in europäischen Aquarien, nachdem die Einschleppung über befallene Fische erfolgt war.

**Übertragung.** Europäische *Camallanus*-Arten werden durch Fressen larvenhaltiger Zwischenwirte übertragen, asiatische durch direkte Aufnahme von freischwimmenden Wurmlarven.

**Symptome der Erkrankung.** Weibchen hängen bei ruhig stehenden Fischen mehrere mm aus dem After heraus. Starker Befall führt zu Abmagerung durch den ständigen Blutverlust, Apathie, Störung der Kotabgabe, Wachstumsstörungen (selbst bei nur wenigen Würmern!) bis hin zu

Rückgratverkrümmungen (wie bei vielen Mangelerkrankungen); sekundäre Parasiten- bzw. Bakterieninfektionen (= Schwächeinfektionen) in den betroffenen Darmbereichen können auch lange vor der »Auszehrung« den Tod der betroffenen Fische nach sich ziehen.

**Diagnosemöglichkeiten.** Makroskopisches Erkennen der aus dem After heraushängenden Weibchen.

**Vorbeugung.** Bei einheimischen Wurmarten: Vermeidung des Fütterns mit selbstgefangenem, lebenden Plankton (Tieffrieren hilft!); bei asiatischen Arten: 4-wöchige Quarantäne vor Neubesatz eines Aquariums; die Beobachtung der Fische zeigt eine bestehende Infektion an.

**Bekämpfungsmaßnahmen.** Da die Würmer sich bei leichter Störung sofort zurückziehen, entfällt die mechanische Entfernung und es bleibt als einziges die medikamentöse, allerdings verschreibungspflichtige Therapie:
- Levamisol (Concurat®-L), lebende, rote Mückenlarven werden in Wasser, das 300 mg/l Levamisol enthält, eingebracht; überlebende Mückenlarven werden als ausschließliches Futter 2 x täglich für 3–5 Tage an die Fische verabreicht. Bei Fischen, die nur Trockenfutter fressen, kann dieses mit Levamisolkonzentrat beträufelt und nach Einziehen drei Tage lang verabreicht werden (Dosis: 350 mg/kg Trockenfutter).
- Fenbendazol (Panacur®): Gleiches Verfahren wie oben (Dosis 50 mg/kg Futter) für 15 Tage.

In jedem Fall muß der Fisch beobachtet werden; bei Auftreten von Störungen empfiehlt es sich, die Medikation abzubrechen und später zu wiederholen.

## II. Drachenwürmer (*Dracunculidae*)

> *Ein Fisch zu Boden sinkt*
> *wenn Luft aus seiner Blase dringt.*

**Fundort.** Unter Schuppen, in den Kiemen, in der Leibeshöhle, in der Schwimmblase.

**Auftreten.** Sowohl Salz- als auch Süßwasserfische.

**Biologie und Merkmale.** Zu dieser Gruppe gehört eine sehr große Anzahl von Arten verschiedener Gattungen (z.B. *Philometra, Anguillicola, Philometroides, Twaitia*), deren Abgrenzung häufig noch unklar ist und deren Einschleppung aus asiatischen in europäische Gewässer/Aquarien offenbar aktuell in vollem Gange ist. Die Vertreter der jeweiligen Arten sind unterschiedlich groß und messen im weiblichen Geschlecht von wenigen mm (z.B. unter den Schuppen; Abb. 8.31) bis zu 40 cm (z.B. in der Schwimmblase, unter dem Kiemendeckel; Abb. 8.31). Ihnen gemeinsam ist, daß sie wegen ihres Blutsaugens blutrot erscheinen, sie lebendgebärend sind und zum Absetzen der Larven stets in die Peripherie des Fisches (Schuppentaschen, Kiemendeckel) einwandern oder ihn sogar ganz verlassen (Abb. 8.31). Die beim Geburtsvorgang abgesetzten Larven werden – so-

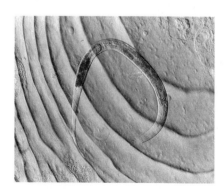

**Abb. 8.31.** Lichtmikroskopische Aufnahme eines geschlechtsreifen, aber relativ kleinen Fadenwurmweibchens unter einer Fischschuppe. x 20.

weit die Zyklen überhaupt bekannt sind – von Zwischenwirten (Tiere des Planktons, aber auch kleine Friedfische!) aufgenommen und dort angereichert. Durch Fressen des Zwischenwirts infiziert sich der Endwirt Fisch wieder. Die Kopulation der Würmer findet relativ früh im Fisch statt. Danach trennen sich in vielen Fällen die Geschlechter: die Weibchen wandern zur Fischaußenseite, während die Männchen je nach Art sterben oder in den Organen (z.B. Schwimmblase) eine Zeitlang verweilen können. Bei manchen Arten bleiben beide Geschlechter auch in der Schwimmblase.

**Übertragung.** Aufnahme von larvenhaltigen Zwischenwirten (Kleinkrebse, selten auch Friedfische); eine Verschleppung durch Blutegel ist mehrfach nachgewiesen worden.

**Merkmale der Erkrankung.** Abmagerung, generelle Schwächung befallener Tiere durch den Blutverlust und sekundäre Infektionen bis hin zum Tode befallener Fische. Dazu treten je nach befallenem Organ spezifische Ausfallerscheinungen, z.B. Kiemen: Atemnot; Schwimmblase: Gleichgewichts- bzw. Schwimmstörungen, auf.

**Diagnosemöglichkeiten.** Gesträubte Schuppen bzw. Kiemendeckel bei darunterliegenden Würmern; Larven im Kot bei mikroskopischer Untersuchung.

**Vorbeugung.** Keine Verfütterung von lebendem Plankton (Tieffrieren), Quarantäne bei neuen Fischen, insbesondere bei Tieren aus asiatischen Ländern und/oder bei Wildfängen.

**Bekämpfungsmaßnahmen.** Befallene Tiere in separatem Becken mit Levamisol oder Fenbendazol (s.S. 75) behandeln.

## 8.1.16 Blutegel

> *Der Egel mit dem Rüssel zum Fische drängt,*
> *und diesen zwischen die Schuppen zwängt,*
> *obwohl »täglich Fisch« ihm aus dem Halse hängt.*

**Fundort.** Haut, seltener Kiemen und Flossen, aber auch oft im Maul oder sogar Rachen (bei großen Fischen).

**Auftreten.** Vorwiegend Süßwasserfische, im Aquarium relativ selten.

**Biologie und Merkmale.** Blutegel gehören zu den Ringelwürmern. Sie sind Zwitter und ernähren sich durch zeitweiliges Blutsaugen bei ihren Wirten. Häufigster Fischegel Europas ist der max. 5 cm große, zu der Gruppe der Rüsselegel gehörende *Piscicola geometra* (Abb. 8.32, 8.33). Eingeschleppte tropische Egel sind im allgemeinen deutlich kleiner.
Die Vermehrung beginnt mit der Paarung (auf Wasserpflanzen) von zwei Individuen, die danach befruchtete Eier in einer vom sog. Clitellum (drüsiger Bereich der Oberfläche, Abb. 8.32) abgeschiedenen Hülle wiederholt (bis täglich 3 x) absetzen. In diesem sog. Kokon entstehen die kleinen Egel (temperaturabhängig in 13–80 Tagen), die über verschiedene Blutmahlzeiten mit nachfolgenden Häutungen heranwachsen. Auf diese Weise können sich einmal eingeschleppte, insgesamt etwa 10 Monate lebensfähige Egel in einem Aquarium ausbreiten. Egel übertragen beim Saugakt sowohl Einzeller (*Trypanoplasma*, s.S. 122) als auch Fadenwürmer der Dracunculiden (s.S. 76). Charakteristika für diese Egel sind je ein vorderer und hinterer Saugnapf, mit deren Hilfe sie sich auf dem Fisch oder auf Pflanzen festsetzen, sowie die typische äußere Ringelung (Abb. 8.32, 8.33).

**Abb. 8.32.** *Piscicola geometra*. Makroskopische Aufnahme (**A**) und schem. Darstellung (**B**). Das Clitellum erscheint in **A** als heller Bereich und ist in **B** dunkel gepünktelt. Der hintere Saugnapf ist deutlich größer als der vordere. Aus zeichentechnischen Gründen wurden die 14 Ringel pro Segment weggelassen. Insgesamt besitzt der Egel 33 Segmente, die aber verschmolzen sind. x 4.

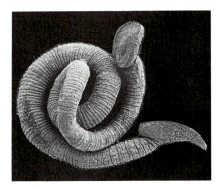

**Abb. 8.33.** *P. geometra*. Die rasterelektronenmikroskopische Aufnahme zeigt deutlich den vorderen und hinteren Saugnapf sowie die Körperringel. x 3.

**Übertragung.** Egel sitzen an Wasserpflanzen und heften sich an vorbeistreifenden Fischen an oder suchen diese auch schwimmend auf.

**Symptome des Befalls.** Unruhe bei den Fischen, rot unterlaufene Ansatzstellen mit nachfolgender Entzündung, starke Schwächung durch Blutverluste, insbesondere bei kleinen Fischen (z.T. völliges Aussaugen!). Tod durch nachfolgende Sekundärinfektion.

**Diagnosemöglichkeiten.** Makroskopisches Erkennen von angesogenen Egeln. Da diese aber häufig nur kurz und evtl. nachts saugen, kann das Vorhandensein von Egeln im Aquarium verborgen bleiben. Diese Fische zeigen neben der Schwächung aber stets die blutigen Ansaugstellen.

**Vorbeugung.** Kein ungefiltertes Teichwasser in das Heimaquarium einbringen, Säuberung von Wasserpflanzen vor dem Einsetzen (s.S. 23); Kontrolle von neuen Fischen auf evtl. angesogene Egel; häufiger Wasserwechsel.

**Bekämpfungsmaßnahmen.** Einzelne angesogene Egel können mit einer stumpfen Pinzette abgezogen werden. Problematisch ist die Bekämpfung von vielen kleinen Egeln in einem Becken. Hier wirkt nur ein wiederholter, vollständiger Wasserwechsel bei gleichzeitiger Säuberung von Wasserpflanzen und Steinen etc. Auf diese Weise wird die Anzahl der Egelnachkommen nach und nach völlig ausgedünnt. Das Einsetzen von Barschen, die gerne Egel fressen, hilft bei größeren Becken, wo die oben beschriebenen Maßnahmen nur schwer durchzuführen wären. Diese Methode »funktioniert« allerdings nur, wenn die übrigen Bewohner des Beckens entsprechend groß sind, da die Barsche als »arge« Räuber sonst alle unterlegenen Beckengenossen gleich mitfressen.

## C. Krebse

Parasitische Krebse sind infolge ihrer Anpassung an die parasitische Lebensweise außergewöhnlich vielgestaltig und haben als geschlechtsreife Tiere häufig ihre Organsysteme zugunsten des Darm- und Vermehrungssystems weitgehend reduziert, so daß eine Artdiagnose selbst dem Fachmann schwerfällt. Die exakte Artbestimmung ist aber für eine wirkungsvolle Bekämpfung auch nicht nötig, so daß es ausreicht, die Diagnose »Befall mit parasitischen Krebsen« zu stellen. Daher werden im folgenden lediglich einige besonders typische und häufige Vertreter vorgestellt, ohne daß dadurch auch nur annähernd die Formenvielfalt – insbesondere bei tropischen Importen – abgedeckt werden könnte. Gemeinsam ist allen Krebsen, daß sie einen »Panzer« (Aussenskelett) tragen, der beim Wachstum gehäutet werden muß, und daß sie über schwimmfähige Larven (je nach Organisationshöhe: Nauplius oder Zoea) verfügen, die bei parasitischen Formen bereits den Wirt befallen können. Es treten sowohl dauernd festsitzende Parasiten (**stationäre**) als auch nur zeitweilig (**temporär**) parasitierende Arten auf.

### 8.1.17 Karpfenläuse

*Lenchen, die liebliche Karpfenlaus,*
*lebt bei Fritz, dem Fisch, in Saus und Braus.*
*Sie sauget hier und sauget dort,*
*und er schleppt sie von Ort zu Ort.*
*Doch als er schlapp von ihrem Mahl,*
*sie sich zu einem anderen Fritze stahl.*

**Fundort.** Haut, seltener Kiemen, aber besonders häufig auf der Rückenflosse, im Mundbereich.

**Auftreten.** Bei Süß- und Salzwasserfischen.

**Biologie und Merkmale.** Zu den etwa 4–14 mm langen Karpfenläusen gehören neben den Vertretern der mit einem Giftstachel (sog. Stilett) versehenen, einheimischen Gattung *Argulus*, z.B. *A. foliaceus* (6,5 mm), *A. japonicus* (bis 8,5 mm), auch tropische Formen (Südamerika: Gatt. *Dolops*; Afrika bis Japan: *Chonopeltis*) ohne Giftstachel. Gerade Vertreter dieser beiden Gattungen scheinen sich in letzter Zeit durch Einschleppung mit tropischen Fischen in deutschen Aquarien auszubreiten. Die Karpfenläuse gehören zu den niederen Krebsen der systematischen Ordnung Branchiura (Name: Kiemenschwänze, weil man früher glaubte, daß dort die Kiemen lägen). Karpfenläuse erhielten ihren von den »echten« Läusen (= Insekten) übertragenen deutschen Namen wegen ihrer abgeflachten Form. Charakteristisch sind zudem die beiden schwarzen Facettenaugen, die zu Klammerhaken umgebildeten Antennen und die beiden Saugnäpfe (= umgestaltete Mundwerkzeuge), mit denen sie sich auf dem Fisch festsaugen (Abb. 8.34, 8.35). Mit Hilfe des im Mundrüssel liegenden Giftstachels (Stiletts) sticht die Karpfenlaus ihren Wirt an, injiziert ein die Blutgerinnung verhinderndes Antikoagulans und nimmt mit dem Rüssel das austretende Blut auf. Beim Saugvorgang wird bei Vertretern der Gatt. *Argulus* ein Gift bzw. Allergen injiziert; manche Fische sterben daher schon nach wenigen Stichen. Der Saugvorgang dauert länger an (evtl. für Wochen), wobei ein ständiges Herumwandern auf der Haut stattfinden kann, was zu starker Beunruhigung führt, insbesondere wenn der Fisch im Verhältnis zur Laus relativ klein ist. Die Begattung der Karpfenläuse erfolgt auf dem Boden, wo es auch zur Eiablage kommt (zu etwa 100 in streifenförmigen Gelegen). Innerhalb dieser Gelege entwickelt sich als erstes Larvenstadium (temperaturabhängig bei 19 °C in etwa 3 Wochen) die Naupliuslarve mit nur einem zentralen Auge und danach erfolgt auch noch die Reifung (über das Metanaupliusstadium) zum noch nicht geschlechtsreifen Jungtier. Diesem Prozeß folgen im Freien 8 weitere Häu-

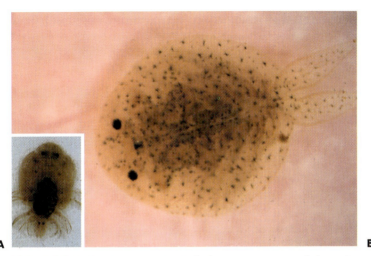

**Abb. 8.34.** Lichtmikroskopische Aufnahmen je einer ungefärbten, lebenden afrikanischen (**A**) und einer einheimischen Karpfenlaus (**B**) von der Rückseite. Beim Weibchen in **B** scheint der Eisack durch. x 12.

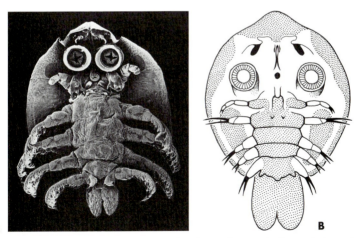

**Abb. 8.35.** Rasterelektronenmikroskopische Aufnahme (**A**) und schem. Darstellung (**B**) einer Karpfenlaus von der Bauchseite. x 12.

tungen, bis die Geschlechtsreife erreicht ist, wozu insgesamt 8–10 Wochen benötigt werden. Die Jugendstadien müssen allerdings insgesamt für 5–6 Wochen Blut saugen, um die Geschlechtsreife zu erlangen. Danach läßt sich die adulte Karpfenlaus zu Boden fallen. Zwischen den nachfolgenden Saugphasen können jeweils ein- bis zweiwöchige Hungerphasen liegen, wenn kein geeigneter Wirt gefunden wird. Dies tritt aber meist nicht ein, da die Karpfenläuse ausgesprochen gute und schnelle Schwimmer sind, so daß sogar pro Fisch häufig mehrere »Läuse« angetroffen werden können.

**Übertragung.** Schwimmfähige Stadien suchen den Fisch aktiv auf.

**Symptome des Befalls.** Fische suchen durch schießende, springende Bewegungen der Attacke zu entgehen, sind schreckhaft und zeigen den Abdruck der Ansaugstelle sowie rotgeränderte Einstiche, wenn die saugende Laus nicht mehr selbst sichtbar ist. Der besonders für kleine Fische z.T. extreme Blutverlust führt zu starker Schwächung mit allen typischen, negativen Folgeerscheinungen potentieller Sekundärinfektionen (Bakterien, Pilze, Parasiten) bis hin zum Tod. Dieser kann auch sofort eintreten und wird durch die Injektion eines Gifts/Allergens beim Saugakt verursacht.

**Diagnosemöglichkeiten.** Makroskopisches Erkennen der angesogenen Kiemenlaus oder der blutigen Stichstelle.

**Bekämpfungsmaßnahmen.** Befallene Fische sollten aus dem Becken entnommen werden und in ein Extrabecken verbracht werden. Die Kiemenläuse lassen sich bei ruhiggestellten Fischen (s.S. 21) mechanisch entfernen. Gelingt dies nicht, hilft ein Medizinalbad mit Kochsalz (10–15 g/l Wasser für 30 min).

Sollten sich tropische Karpfenläuse in einem Becken ausgebreitet haben, mindert wiederholter Wasserwechsel und Säuberung der Steine und Pflanzen die Nachkommenschaft beträchtlich.

Bei Auftreten von weiteren Krebsarten neben *Argulus* empfiehlt sich ein Masoten®-Dauerbad (0,2–0,4 mg/l Wasser) für 3 Tage bei 20–28 °C. Die eingebrachte Substanz kann dann aus dem Becken durch Aktivkohlefilter wieder beseitigt werden **Vorsicht:** Manche tropischen Fischarten reagieren sehr empfindlich auf Masoten!

## 8.1.18 Hüpferlinge (Copepoda)

*Frau Copepoda, mit Eiern dicht bepackt,
den Fisch forsch in die Hüfte zwackt.*

**Fundort.** Kiemen, Haut, seltener Flossen, manche Arten finden sich sogar auf den Augen.

**Auftreten.** Weltweit bei Süß- und Salzwasserfischen.

**Biologie und Merkmale.** Zu dieser Ordnung der niederen Krebse (mit der typischen, einäugigen Nauplius-Larve) gehören die Vertreter mehrerer, äußerlich sehr vielgestaltiger Familien.

### I. Ergasilidae

Die Arten dieser Gruppe werden max. 3 mm lang; sie sind äußerlich deutlich gegliedert und sehr gute Schwimmer (Abb. 8.36). Bei den Weibchen, die paarige, z.T. sehr große Eisäcke am Hinterende tragen, sind die zweiten Antennen zu großen Klammern umgebildet, mit denen sie sich auf

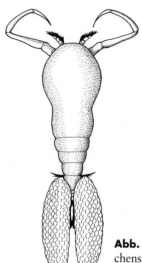

**Abb. 8.36.** Schem. Darstellung eines Weibchens der Ergasiliden. Charakteristisch sind die Klammerhaken und die Eisäckchen.

den Kiemen der Wirtsfische zeitlebens verankern und von Epithelzellen ernähren. Die Männchen leben frei im Wasser, wo auch die Begattung stattfindet, bevor die Weibchen zur parasitischen Lebensweise übergehen. Aus den Eiern schlüpfen die Naupliuslarven, die über 4 weitere Larven (sog. Copepodit-Stadien) mit Häutungen zu Jungtieren heranwachsen.

## II. Lernaeidae

Diese Copepoden-Krebse (je nach Art 2–30 mm lang) haben als geschlechtsreife Tiere eine wenig gegliederte, wurmförmige, schlanke Gestalt, so daß sie häufig nur schwer als Krebs zu erkennen sind (Abb. 8.37, 8.38). Mit einem ankerförmigen Vorderende stecken die Weibchen vorwiegend in der Haut bzw. in den Flossen der Fische und werden dann als Stäbchen sichtbar und über die paarigen Eisäckchen als Copepoden diagnostizierbar (Abb. 8.37, 8.38B).

**Abb. 8.37.** Makroskopische Aufnahme eines Fisches mit der sog. Stäbchenkrankheit. Zwei Vertreter der Lernaeiden sind in der Haut verankert, eines davon weist noch die beiden (hier grünlichen) Eisäckchen auf.

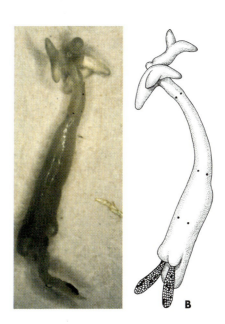

**Abb. 8.38.** *Lernaea* sp. Makroskopische (**A**) und schem. Darstellung (**B**) eines Weibchens, das aus der Fischhaut herauspräpariert wurde. Das Schema zeigt noch die Eisäcke. x 4.

Die Lebenszyklen der verschiedenen Gruppen der Lernaeidae sind sehr kompliziert und gehen oft mit einem Wirtswechsel einher. In den meisten Fällen setzt sich auch hier ein bereits begattetes Weibchen auf dem Fisch fest und geht so zur parasitischen Lebensweise (Saugen von Blut, Lymphe etc.) über, während die freilebenden Männchen häufig sofort nach der Kopulation sterben. Daneben treten bei manchen Gruppen auf den Weibchen festsitzende Männchen auf, in anderen Fällen werden die Larvenstadien in der Anzahl weitgehend reduziert. Bei der Gatt. *Lernaea* (Abb. 8.38) treten aber allein 4 Nauplius-Stadien, ein Metanauplius- sowie 5 Copepodit-Stadien auf, die bereits zeitweilig Fische befallen und von Blut und Schleimhaut leben! Die Kopulation und Besamung finden bereits in der Phase des noch beweglichen Copepoditstadiums IV statt (in den Kiemen von Fischen). Danach sterben die Männchen, und die Weibchen dringen in die Haut der Fische ein. Die Gesamtdauer der Entwicklung der Arten der Gatt. *Lernaea* ist temperaturabhängig und dauert bei 14 °C über 100 Tage, bei 24 °C 20 Tage und bei 28 °C sogar nur 7–13 Tage, sofern geeignete Wirte vorhanden sind. So kann es schnell zu einem Massenbefall in warmen Becken kommen.

**Übertragung.** Freibewegliche, bereits begattete weibliche Stadien suchen ihre Wirtstiere schwimmend auf.

**Symptome des Befalls.** Hier muß zwischen den beiden Gruppen und der jeweiligen Befallsstärke der Kiemen bzw. der Haut unterschieden werden. Blutarmut und Abmagerung treten jedoch bei beiden Gruppen stets auf.
a) **Ergasilidae.** Befall der Kiemen bringt starke Atemnot, Wucherungen und Kiemenblutungen; bleiche Kiemen; Fische werden durch starken Befall sehr geschwächt und daher anfällig für sekundäre Infektionen.
b) **Lernaeidae.** Die tiefen Festhaftungsstellen entzünden sich häufig sehr stark; der große Blutverlust schwächt

die Fische, was je nach Größe – auch ohne Sekundärinfektionen – zum Tode führen kann.

**Diagnosemöglichkeiten.** Ergasiliden können bei Kiemeninspektion von betäubten Fischen (s.S. 21) mit bloßem Auge als hellere oder rote Pünktchen wahrgenommen werden. Die Lernaeiden ragen als Stäbchen aus der Haut (sog. Stäbchenkrankheit, Abb. 8.37).

**Vorbeugung.** Vermeidung von ungefiltertem Teichwasser; makroskopische Untersuchung von neuen Fischen nach Ruhigstellung (s.S. 21).

**Behandlungsmaßnahmen.** Wurden trotz aller Vorsichtsmaßnahmen Copepoden eingeschleppt und haben sie sich ausgebreitet, so wirkt Masoten® im Dauerbad (0,2–0,4 mg/l Wasser für 3–5 Tage bei 20–23 °C) sehr gut. Anschließend kann die Substanz mit einem Aktivkohlefilter wieder aus dem Becken herausgezogen werden. (Verträglichkeit ist bei einigen Arten gering, z.B. Neon, Panzerwels, besser Diskus).

### 8.1.19 Asseln (Isopoda)

*Steht das Maul des Fisches offen,
kann man nur noch hoffen.*

**Fundort.** Haut, Kiemen, aber auch Mundhöhle.

**Auftreten.** Süß- und häufiger Salzwasserfische.

**Biologie und Merkmale.** Die Vertreter dieser, zu den höheren Krebsen (mit der typischen Zoea-Larve) gehörenden Gruppe können je nach Art max. bis etwa 7 cm lang wer-

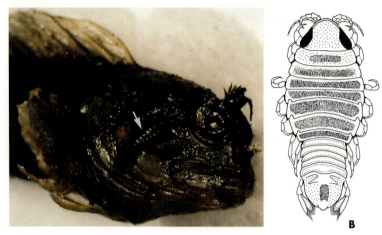

**Abb. 8.39. A.** Lippfisch mit ansitzender Assel (Pfeil). **B.** Schem. Darstellung dieser Assel von der Rückenseite (nach Reichenbach-Klinke).

den. Sie saugen meist in beiden Geschlechtern bei Wirtsfischen Blut und Lymphe. Die Männchen vieler Gruppen verlassen ihre Wirte und suchen Fische, denen saugende Weibchen ansitzen (Abb. 8.39). Die Entwicklungszyklen sind sehr variabel und in vielen Fällen noch ungeklärt.

**Übertragung.** Die geschlechtsreifen Stadien suchen ihre Wirte (oft in Scharen) aktiv auf.

**Symptome des Befalls.** Starke Schwächung bei Entzug von Blut oder bei Verhinderung von ausreichender Ernährung, wenn die Assel im Maul sitzt. Letzteres führt dann oft zur typischen Maulsperre.

**Diagnosemöglichkeiten.** Die relativ großen, meist einzeln sitzenden Asseln fallen bei äußerer Inspektion des Fisches auf.

**Vorbeugung.** Kontrolle von neuen Fischen vor dem Einsetzen.

**Bekämpfung.** Mechanische Entfernung am betäubten Fisch oder Abtötung im Masoten®-Dauerbad (0,4 mg/l Wasser für 3–5 Tage). Bei Parasitierung des Mauls muß ebenfalls die Assel mechanisch entfernt werden. (Verträglichkeit, s.S. 89).

## D. Wassermilben

*Die Milbe in die Flosse sticht
bis ihr fast der Rüssel bricht.*

**Fundort.** Häufig Rücken- und Schwanzflossen.

**Auftreten.** Süßwasserfische mit Pflanzen- bzw. Grundkontakt.

**Biologie und Merkmale.** Milben sind Spinnentiere, die adult und als Nymphe 8, aber als Larve nur 6 Beine aufweisen. Die bei Fischen auftretenden, max. etwa 1–2 mm großen Arten (Abb. 8.40) sind offenbar nur gelegentlich Parasiten, die sonst auf dem Boden räuberisch leben. Bei Kontakt mit Fischen »steigen sie auf diese um« und saugen Körperflüssigkeiten bzw. nehmen Hautpartikel auf.

**Übertragung.** Kontakt der Fische mit dem Boden oder Pflanzen bietet Milben Übertrittsmöglichkeiten.

**Symptome des Befalls.** Nur bei Massenbefall Reizung der betroffenen Bereiche.

**Diagnosemöglichkeiten.** Makroskopische Entdeckung der Milben in durchsichtigen Bereichen der Flossen (Abb. 8.40A).

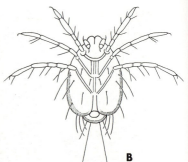

**Abb. 8.40.** Milben. **A.** Makroskopische Aufnahme einer festgesogenen, adulten Milbe (4 Beinpaare) auf der Schwanzflosse eines Fisches. **B.** Parasitische Larve (3 Beinpaare) von *Arrenurus* sp. (nach Bychowski). x 10.

**Vorbeugung.** Vermeidung der Verwendung von ungefiltertem Teichwasser.

**Bekämpfungsmaßnahmen.** Bei Massenbefall versuchsweise Masoten-Dauerbad, s.S. 89.

## 8.2 Parasiten des Auges

> *Ist das Aug' des Lieblingsfisches getrübt,*
> *es der Aquarianer meist mit Recht aufs*
> *Wasser schiebt.*

Die Augen sind bei Fischen besonders exponiert. Sie reagieren vielfach in gleicher, unspezifischer Weise auf einen Befall durch Parasiten, Bakterien, Pilze oder Viren oder sogar auf Umwelteinflüsse wie Verschlechterung der Qualität bzw. Zusammensetzung des Wassers. Im wesentlichen lassen sich drei Erkrankungstypen am Fischauge unterscheiden:

**Abb. 8.41 A, B.** Getrübte Augen durch Wurmstar beim Diskus (**A**) und Skalar (**B**). **C.** Schem. Darstellung einer Metacercarie aus dem Auge. Die Geschlechtsorgane sind im Bereich unter dem Bauchsaugnapf angelegt.

1. **Trübung der Hornhaut** (Abb. 8.14, 8.41): Entstehung durch Schadstoffe im Wasser, durch Befall mit Bakterien oder Pilzen (s.S. 14), *Ichthyophthirius* bzw. *Cryptocaryon* (s.S. 50), festsitzenden Flagellaten (s.S. 41) oder Ciliaten (s.S. 57), bestimmten Myxozoen oder Wurmlarven (sog. Wurmstar), s.S. 57, 71, 94.
2. **Erblindung:** Fortgeschrittenes Stadium eines Befalls mit den unter I. aufgelisteten Erregern.
3. **Glotzauge (Exophthalmus):** Zu diesem Krankheitsbild des heraustretenden Auges kommt es infolge Vitaminmangels, eines Pilz- bzw. Virusbefalls oder besonders häufig durch das Eindringen von Saug- bzw. Bandwurmlarven. Tritt das Phänomen schnell (in wenigen Stunden) auf, ist häufig eine gravierende Veränderung der Aquarienwasserqualität daran schuld und kann durch schnellen **Wasserwechsel** wieder behoben werden.

Aus den potentiellen Parasiten werden hier die folgenden, bei Zierfischen relativ seltenen Gruppen ausgewählt, da diese das Auge offenbar gezielt ansteuern und sie die Sehstörungen des betroffenen Fisches für die Verbreitungsmechanismen ihres eigenen Lebenszyklus verwenden.

### 8.2.1 Saugwurmlarven (Digenea)

**Fundort.** In den verschiedenen Bereichen des Auges.

**Auftreten.** Vorwiegend bei Brack- oder Süßwasserfischen, die von Vögeln gefressen werden können.

**Biologie und Merkmale.** In mehr als 12 Gattungen von digenen Saugwürmern, die wie die Bandwürmer zu den Plattwürmern gehören, befallen Larvenstadien die Augen von Fischen. Der Entwicklungszyklus dieser Egel schließt einen Generationswechsel ein (Name: digen = zwei Generationen). Die geschlechtsreifen Egel, die durch zwei bauchseitige Saugnäpfe ausgezeichnet sind, leben im Darmsystem von fischfressenden Vögeln. Mit deren Kot gelangen dann die Eier in Wasser. Dort schlüpft eine bewimperte, sog. Miracidium-Larve aus und dringt aktiv in Wasserschnecken ein (= 1. Zwischenwirt, z.B. Gatt. *Lymnaea*). In dieser Schnecke bilden sich durch Teilungen weitere Generationen, bis schließlich schwimm- und daher infektionsfähige Larven (sog. Cercarien) aus der Schnecke austreten. Sie suchen binnen 24 h einen Fisch als 2. Zwischenwirt auf, dringen in dessen Haut ein (werfen dabei den Schwanz ab) und suchen (über die Blutbahn) offenbar gezielt das Auge auf. Dort werden sie vom Wirtsgewebe eingekapselt und so zu den sog. Metacercarien-Knötchen. Die Metacercarien-Würmchen selbst sind zwar meist unter 1 mm lang (Abb. 8.41C), doch die Abwehrreaktion des Wirtsgewebes kann so stark sein, daß die ganzen Knötchen mehrere mm im Durchmesser erreichen. Die Larven im Auge führen zur Trübung (Wurmstar), seltener tritt es auch vor, so daß ein typisches Glotzauge erscheint. Weit verbreitete Gattungen sind *Diplostomum*, *Tylodelphys*, *Posthodiplostomum*, Vertreter anderer Gattungen leben in tropischen Fischen. Sehbehinderte Fische steigen an die Wasseroberfläche und werden dort leichter von den Endwirten (Vögel) erbeutet; in ihrem Darm entsteht aus jeder Metacercarie ein geschlechtsreifer kleiner Egel.

**Übertragung.** Schwimmfähige Wurmlarven (Cercarien) suchen die Fische selbständig auf.

**Symptome der Erkrankung.** Ein Befall mit wenigen Metacercarien zieht außerhalb des Auges keine Symptome nach sich; Befall des Auges führt dagegen zur Hornhauttrübung, gelegentlich zur langsamen Entwicklung eines Glotzauges und/oder einer Erblindung; da diese Fische nicht mehr gezielt fressen können, folgt eine starke Abmagerung und Schwächung.

**Diagnosemöglichkeiten.** Betrachtung des Auges beim ruhiggestellten Fisch (s.S. 21) mit einer Lupe. Durchscheinend kann man die Metacercarien sehen. Eine Artbestimmung (durch einen Fachmann) ist für die Therapie nicht notwendig.

**Vorbeugung.** Da der Zyklus nur über Schnecken läuft, muß vor dem Einbringen von Schnecken aus Freilandgewässern gewarnt werden. Sie können allerdings nach sechswöchiger Quarantäne in einem Extrabecken ohne Fische verwendet werden. Neue Fische, insbesondere aus warmen Gewässern, sollten in der Quarantäne genau auf evtl. Augenwurmbefall hin beobachtet werden, um evtl. eine Behandlung einzuleiten. Von ihnen geht aber für die anderen Fische des Beckens keine Gefahr aus.

**Bekämpfungsmaßnahmen.** Befallene Tiere können durch Verabreichung von 5–10 mg Praziquantel (Droncit®) pro kg Fisch (im Futter) behandelt werden. Die Verträglichkeit ist im allgemeinen gut. Bei Fischen, die auf Lebendfutter angewiesen sind, wird die Badetherapie empfohlen, s.S. 68.

### 8.2.2 Bandwurmlarven

Fische dienen bestimmten Bandwürmern der Warmblüter, aber auch der räuberischen Fische als Zwischenwirte. In ihnen entwickeln sich dann Larvenstadien, meist in der Leibeshöhle, Muskulatur, aber auch im Auge, was dann – in Anbetracht der erreichten Larvengröße – zum Hervortreten des betroffenen Auges, zum sog. Glotzauge führt. Zum Lebenszyklus und den Bekämpfungsmaßnahmen dieser Bandwürmer s.S. 111.

## 8.3 Parasiten des Darms

> *Ist der Wurm erst im Darm,*
> *so ist er sicher und hat's warm.*

Der Darm ist nach der Haut das am meisten von Parasiten aufgesuchte Organ und faktisch alle Parasitengruppen (s.S. 5) sind hier mit mindestens einem Vertreter bei zahlreichen Fischarten anzutreffen, so daß auch hier die Darstellung dem zoologischen System folgt und mit den Einzellern beginnt. Insgesamt wurden aber nur wichtige Gruppen mit einigen häufigen Arten herausgegriffen und im folgenden Schlüssel zusammengestellt:

**Bestimmungsschlüssel**

1. a) Die Stadien sind mit bloßem Auge sichtbar ....... 2
   b) Die Stadien sind nur unter dem Mikroskop sichtbar ............................. 5
2. a) Die Stadien sind stark abgeflacht .............. 3
   b) Die Stadien sind länglich, wurmförmig und im Querschnitt drehrund ................ 4
3. a) Die Stadien zeigen auf der Bauchseite zwei Saugnäpfe (Abb. 8.41) .................Digene Saugwürmer s.S. 107
   b) Die Stadien sind bandförmig und offenbar mehrgliedrig (Abb. 8.47) ..... Bandwürmer s.S. 109
4. a) Das Vorderende ist mit einem vorstülpbaren, hakenbewehrten Rüssel versehen (Abb. 8.50) .................... Kratzer s.S 116
   b) Das Vorderende erscheint ohne Rüssel, die Gestalt ist nudel- bis fadenförmig (Abb. 8.48, 8.49) .......... Fadenwürmer s.S. 113
5. a) Stadien mit beweglichen, echten Geißeln (Abb. 8.42) .............. Darmflagellaten s.S. 98
   b) Stadien mit vielen gleichlangen Geißeln (Abb. 8.43) .............Diskusparasit s.S. 100
   c) Stadien ohne Geißeln ...................... 6
6. a) Stadien mit großem, lichten Innenraum (Abb. 8.45) ................. Coccidien s.S. 103
   b) Stadien mit großem Kern und zentralen Nukleolus (Kernkörperchen, Abb. 8.44) ................. Amoeben s.S. 102
   c) Cysten mit einem hellen Polbereich (Abb. 8.55) ............. Mikrosporidien s.S. 106
   d) Cysten mit 1–6 polaren, fadenhaltigen Polkapseln (Abb. 8.21) ......... Myxozoa s.S. 107
   e) Stadien anders, vielgestaltig .......... Eier oben genannter Würmer s.S. 107ff.

## A. Einzeller

### 8.3.1 *Hexamita* und *Spironucleus* (u.a. Lochkrankheit)

> Hat der Diskus hier und dort ein Loch,
> folgen sicher weitere noch.

**Fundort.** Darm, Gallenblase, Leber, aber auch Blutsystem.

**Auftreten.** Bei den meisten Fischarten.

**Biologie und Merkmale.** Bei Fischen können eine Reihe von Arten zweikerniger, achtgeißeliger, sog. Doppeltierchen (Ord. Diplomonadida), im Darmsystem auftreten. Sie gehören zu den Gatt. *Hexamita* (syn. *Octomitus*) und *Spironucleus*(syn. *Hexamita*), sind jedoch wegen ihrer geringen Größe, ihrer Formenvarianz und auch wegen ihrer unterschiedlichen (bis fehlenden) schädigenden Wirkung nur unzureichend und vor allem nicht experimentell untersucht. Die ovoiden Vertreter der Gatt. *Hexamita* besitzen zwei fast kugelförmige Kerne (*H. salmonis, H. symphysodonis*) und erreichen eine Länge von 8–12 µm. *Spironucleus elegans* hat zwei längliche Kerne (Abb. 8.42), ist schlanker und wird im allgemeinen bis zu 10 µm groß. Beiden Arten ist gemeinsam, daß vorn sechs und hinten 2 Geißeln frei werden. Die Vermehrung erfolgt durch Zweiteilung, so daß richtige »Flagellatenpfropfen« im Darm, Blut bzw. Gallenblase entstehen können. Sie ernähren sich durch Aufnahme (Phagocytose) von Darminhalt (bzw. der jeweiligen Körperflüssigkeiten) entlang ihrer Körperoberfläche.

**Übertragung.** Durch orale Aufnahme von im Kot ausgeschiedenen Cysten, aus denen im Darm des neuen Wirts zwei Stadien schlüpfen.

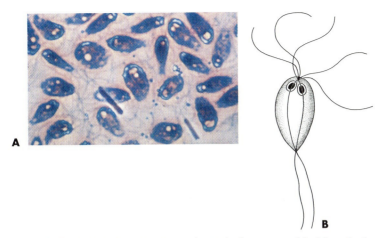

**Abb. 8.42. A.** Lichtmikroskopische Aufnahme von zahlreichen *S. elegans*-Stadien, deren Kerne hellblau erscheinen und die zusammen ein U am vorderen Zellpol erscheinen lassen. x 500. **B.** *Hexamita* sp., schem. Darstellung eines Trophozoiten mit den typischen Kernen.

**Symptome der Erkrankung.** Bei vielen Fischarten erfolgt ein Befall, ohne daß es zu Krankheitssymptomen kommt. Bei anderen Arten sondern sich befallene Tiere ab, zeigen Freßunlust, Apathie oder würgen die Nahrung wieder aus. Der Kot dieser Tiere wird weißlich, flüssig oder erscheint fädig und bleibt lange am After hängen. Massiv befallene Tiere nehmen stark ab und sterben an allgemeiner Schwäche. Bei Diskusfischen wurde der Befall mit *S. symphysodonis* in Verbindung zur sog. **Lochkrankheit** gebracht, weil die Doppeltierchen mit dem Blutstrom verdriftet auch in Nähe von tiefen Hautdellen (keine echten Löcher!) nachgewiesen wurden. Heute hat sich die Meinung durchgesetzt, daß die Lochkrankheit eher als eine Mangelerkrankung infolge (parasitenbedingten) Vitamin-B-Mangels anzusehen ist, da bei Zufuhr dieser Vitamine über das Wasser die Restaurierung befallener Bereiche erfolgt. Ohne Behandlung sterben allerdings die meisten Diskusfische, die zunächst ihre Farbe ins Dunkle verändern (Abb. 9.29) und nach anfänglichen Bauchschwellungen später deutlich hohlbäuchig erscheinen.

**Diagnosemöglichkeiten.** Mikroskopischer Nachweis der Flagellaten und Cysten im Kot.

**Vorbeugung.** Quarantäne neuer Fische, Optimierung der Haltungsbedingungen; ausreichende Fütterung mit Vitaminen des B-Komplex. **Vorsicht:** Cysten im Spritzwasser.

**Bekämpfungsmaßnahmen:**
1. Verfütterung von Vitamin B über Wasser (10–20 g pro 100 l Wasser) oder über Kleinkrebse (Artemien), denen Vitamin B verabreicht wurde.
2. Medizinalbad mit Metronidazol (Flagyl®, Clont® etc.) Dosis: 5 mg Metronidazol (auf Tabletteninhalt achten!) pro l Wasser für 3–4 Tage bei einem pH-Wert von unter 7. Die Temperatur des Wassers sollte dabei unter 28 °C liegen.

### 8.3.2 Diskusparasit (*Protoopalina symphysodonis*)

**Fundort.** Darmsystem.

**Auftreten.** Diskus, andere Arten bei Süßwasserfischen.

**Biologie und Merkmale.** Die zweikernigen, etwa 0,1 mm langen Trophozoiten sind langgestreckt-tropfenförmig und liegen in den Falten der Darmschleimhaut (Abb. 8.43); am Hinterende fehlen die gleichmäßigen Geißeln (heute werden die Opalinen den Einzellerstamm Sarcomastigophora eingeordnet) bzw. liegen an, so daß die Zelle hier zugespitzt erscheint. Die Vermehrung erfolgt durch eine schräg verlaufende Zweiteilung. Inwieweit die für andere Opaliniden

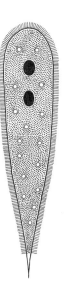

**Abb. 8.43.** Schem. Darstellung von *P. symphysodonis*. Die beiden Kerne erscheinen dunkel.

nachgewiesenen Vermehrungsprozesse (mit geschlechtlichen Vorgängen) auch auf diese Art übertragen werden können, bleibt vorerst unklar, zumal echte Cysten im Kot nicht nachgewiesen wurden.

**Übertragung.** Wegen des Fehlens von echten Cysten bleiben die Übertragungswege vorerst unklar.

**Symptome der Erkrankung.** Diskusfische zeigen Streßreaktionen: Dunkelfärbung; inwieweit die Opalinen allein für die beschriebenen Symptome wie Bauchschwellungen, Darmentzündungen, Wachstumshemmungen, bis hin zur Verkümmerung und Tod verantwortlich sind, bleibt unklar, weil der *P. symphysodonis*-Befall stets gleichzeitig mit anderen Parasiten (wie häufig *Spironucleus*-Arten, s.S. 98) auftritt.

**Diagnosemöglichkeiten.** Schwierig, da nur selten Opalinen im Kot auftreten; daher bleibt lediglich die Darmuntersuchung toter Tiere.

**Vorbeugung.** Optimierung der Haltungsbedingungen und Vermeidung eines *Spironucleus*-Befalls (s.S. 98).

**Bekämpfungsmaßnahmen.** Die auch bei *Spironucleus* verwendete Substanz Metronidazol (s.S. 100) müßte wegen ihres großen, ganze Parasitengruppen erfassenden Wirkspektrums auch gegen Opalinen wirken; Versuche hierzu stehen aber noch aus.

### 8.3.3 Amoeben

**Fundort.** Im Darm, in den Kiemen.

**Auftreten.** Bei Süßwasserfischen.

**Biologie und Merkmale.** Bei Fischen treten sowohl im Darm (*Entamoeba*-Formenkreis) als auch in den Kiemen (*Acanthamoeba*) etwa 10–20 µm große Amoeben auf (Abb. 8.44), die dort ausreichend Nahrung finden und sich auch zu relativ großen Zahlen (durch Zweiteilungen) anhäufen

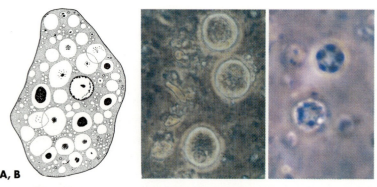

**Abb. 8.44.** Amoeben. **A.** Schem. Darstellung eines *Entamoeba*-Stadiums. **B, C.** Lichtmikroskopische Aufnahme von Amoebencysten (**B** = *Entamoeba*-Typ, **C** = Acanthamoeben). x 1000.

können, ohne daß die befallenen Fische erkranken. Von beiden Amoeben-Formenkreisen werden Cysten als Dauerstadien am Ende des Entwicklungszyklus ausgebildet und so übertragen.

**Übertragung.** Orale Aufnahme von Cysten beim Bodenkontakt.

**Symptome der Erkrankung** (Amoebiasis). Bei schwachem Befall finden sich keine Symptome, sonst Apathie, Blutarmut (helle Kiemen), Körperschwellungen, Druckempfindlichkeit.

**Diagnosemöglichkeiten.** Mikroskopische Untersuchung des Kots.

**Vorbeugung.** Optimierung der Haltungsbedingungen, häufiger Wasserwechsel. **Vorsicht** bei Spritzwasser!

**Bekämpfungsmaßnahmen.** Medizinalbad mit Metronidazol, s.S. 100

### 8.3.4 Coccidien

**Fundort.** Darm, Leber, Niere, Gonade, Schwimmblase.

**Auftreten.** Bei Süß- und Salzwasserfischen.

**Biologie und Merkmale.** Bei Fischen treten vorwiegend Arten der Gattungen *Eimeria, Goussia, Epieimeria* und *Crystallospora* auf, die sich alle intrazellulär in den Epithelzellen vorwiegend des Darms, der Leber, Niere, Gonade, Kiemen und/oder Schwimmblase entwickeln. Der dreiphasische, etwa 7–12 Tage dauernde Entwicklungszyklus (mit zwei ungeschlechtlichen und einer geschlechtlichen Vermehrung) endet mit der Produktion eines mit dem Kot oder den entsprechenden Flüssigkeiten abgesetzten Dauerstadiums (Oocyste), das bei allen Arten im Inneren 4 Sporocysten mit je 2 Sporozoiten ausbildet (Abb. 8.45) und etwa max. 30 µm groß wird.

Die vier Gattungen werden neben biologischen Merkmalen im wesentlichen an der Gestalt ihrer Sporocysten unterschieden:

1. Gatt. *Eimeria*: Mit Stieda-Körper (= herauslösbarer Pfropf), der die Austrittsstelle der infektiösen Stadien verschließt.
2. Gatt. *Epieimeria*: Mit Stieda- und Substieda-Körper (= 2 Pfropfen).
3. Gatt. *Goussia*: Ohne Stieda-Körper, mit zweiklappiger Schale (Abb. 8.45).
4. Gattung *Crystallospora*: Oberfläche der Sporocysten zwölfflächig (Dodekaeder).

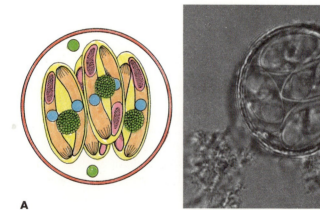

**Abb. 8.45. A.** Schem. Darstellung einer Oocyste der Gattung *Goussia*. Die in den 4 Sporocysten enthaltenen Sporozoiten (= infektiöse Stadien) enthalten je einen zentralen Kern und einen Reservestoffkörper am Hinterende (rot); Kerne = blau; Restkörper = grün. **B.** Lichtmikroskopische Aufnahme einer *Goussia*-Oocyste. x 270.

Die Zuordnung der beschriebenen Arten zu diesen vier Gattungen erfolgt aktuell im Verlaufe von experimentellen Arbeiten bei den verschiedenen Fischarten.

**Übertragung.** Orale Aufnahme von Oocysten, häufig in Stapelwirten wie Bodenwürmern.

**Symptome der Erkrankung (Coccidiose).** Apathie, Schwimmbewegungen werden unkoordiniert; Hauptmerkmal ist die Abgabe von gelblichem, ungeformten schleimigen Kot bzw. das Erscheinen von blutigem Ausfluß aus den Gonaden und der Niere; Abmagerung, die Augen sinken ein, der Bauch fällt ein. Bei Öffnung getöteter, schwächlicher Tiere treten weißliche Knoten in der Darmwand (= Knotenkrankheit) und die Entzündung der betroffenen Organe (s.o.) in Erscheinung. Die Tiere sterben epidemieartig in kurzer Zeit.

**Diagnosemöglichkeiten.** Mikroskopischer Nachweis der typischen Oocysten (Abb. 8.45A).

**Vorbeugung.** Neue Fische unbedingt in Quarantäne halten, Tiere mit Koordinationsschwierigkeiten oder Schwächesymptomen sofort aus dem Becken nehmen und Wasserwechsel vornehmen. **Achtung:** Cysten im Wasser!

**Bekämpfungsmaßnahmen.** Coccidiostatika wie Baycox®, Sacox® etc. in das Fischfutter mengen und in etwa gleicher Dosierung (pro kg Körpergewicht) wie bei Hühnern (s. Packungsbeilagen) für etwa 1 Woche verfüttern.

### 8.3.5 Mikrosporidien

**Fundort.** Darm und von hier aus die meisten Organe.

**Auftreten.** Süß- und Salzwasserfische.

**Biologie und Merkmale.** Eine Vielzahl von Mikrosporidienarten parasitieren intrazellulär im Darm. Ihr Zyklus gleicht dem der an anderer Stelle dargestellten Arten (s.S. 130).

**Übertragung.** Friedfische: Orale Aufnahme von Sporen, die nach dem Tod von befallenen Fischen bzw. durch Platzen der Beulen freigesetzt worden sind. Raubfische: Fraß von befallenen Friedfischen.

**Symptome der Erkrankung.** Auftreten von Beulen, Bewegungsstörungen, generelle Schwächung, evtl. Tod.

**Diagnosemöglichkeiten.** Die mikroskopische Untersuchung von ausgequetschten Beulen zeigt die typischen Sporen (Abb. 8.55).

**Vorbeugung.** Entfernung verdächtiger Fische aus dem Becken.

**Bekämpfung.** Eine Chemotherapie ist zur Zeit noch nicht möglich, da ein wirksames Präparat erst in der Entwicklung ist; es bleibt zur Zeit nur die Tötung befallener Tiere, um eine Ausbreitung zu vermeiden. Die schnelle Wirkung von Triazinonen wurde im Experiment nachgewiesen (Mehlhorn et al. 1988).

**8.3.6 Myxozoa**

Bei Befall des Darms mit Myxozoa, die hier nur mit wenigen Arten bzw. mit kurzfristig parasitierenden Stadien auftreten, führt zu generellen Darmstörungen mit den üblichen Folgen wie Abmagerung, Schwäche. Die wichtigen Myxozoa werden daher an anderer Stelle besprochen, s.S. 132.

## B. Saugwürmer (*Digenea*)

> *Die Saugwurmmutter zu den Ihren spricht:*
> *»Verachtet mir die kleinen Fische nicht,*
> *auch wenn sie nur im Aquarium stecken,*
> *sie trotzdem zart und lecker schmecken!«*

**Fundort.** Angesogen an der Darmwand, aber auch im Rachen und Schlund.

**Auftreten.** Weltweit bei Süß- und Brackwasserfischen, vorwiegend bei Wildfängen.

**Biologie und Merkmale.** Die sog. digenen Saugwürmer mit mehreren Generationen im Lebenszyklus gehören zum Tierstamm der Plattwürmer. Sie sind Zwitter und äußerlich durch zwei bauchseitige Saugnäpfe charakterisiert (Abb. 8.41C), mit denen sie als geschlechtsreife Tiere beim Wirt an den Wänden des Darmtrakts und seiner Anhänge verankert sind. Mit Hilfe des Mundsaugnapfes nehmen sie Schleimhaut, gelegentlich auch Blut auf. Nach gegenseitiger Begattung werden typische, gedeckelte Eier abgesetzt, die sich im Freien weiterentwickeln und aus denen eine Wimperlarve austritt. Der weitere Lebenszyklus ist dann mit einem Generationswechsel verbunden (vergl. S. 94). Die bei Zierfischen gefundenen Arten sind – insbesondere bei deren

Herkunft aus tropischen Ländern – weitgehend unbestimmt. Bei den Darmstadien handelt es sich ausschließlich um Adulte; Larven befinden sich in anderen Organen (s.S. 94). Ihre Größe ist variabel und reicht von wenigen mm bis einigen cm, steht aber stets in Relation zur Fischgröße. Körperbeulen wie bei Befall mit Bandwürmern (vergl. Abb. 8.17) sind bei digenen Trematoden nicht bekannt.

**Übertragung.** Schwimmfähige Cercarien dringen aktiv in den Fisch ein.

**Symptome der Erkrankung.** Bei schwachem Befall treten keine Symptome auf; starker Befall kann über Apathie, Freßunlust und starke Abmagerung bis hin zum Tode führen.

**Diagnosemöglichkeiten.** Mikroskopischer Nachweis der typischen, meist gedeckelten Eier.

**Vorbeugung.** Quarantäne neuer Fische; wird ein schwacher Befall von Wildfängen übersehen, besteht auch keine Gefahr, da die Lebenszyklen an spezifische Schnecken gebunden sind, die nur im natürlichen Lebensraum der Fische auftreten.

**Behandlungsmaßnahmen.** Verabreichung von 1 x 5 mg Praziquantel (Droncit®) mit dem Trockenfutter; s.S. 126.

## C. Bandwürmer (*Cestodes*)

> *Selbst Karl, der Fisch, wie schwanger wirkt,*
> *wenn er im Bauch einen Bandwurm birgt.*

Bandwürmer gehören zu den Plattwürmern, sind darmlos und beziehen daher ihre Nahrung ausschließlich durch ihre Oberfläche (Tegument). Prinzipiell wird in höhere und niedere Bandwürmer unterschieden. Die Adulten der niederen (Cestodaria) weisen nur einen Satz von zwittrigen (männlichen und weiblichen) Geschlechtsorganen auf, während bei den höheren Bandwürmern (Eucestoda) zahlreiche Sätze in sich wiederholenden Einheiten (sog. Proglottiden) vorhanden sind. Bei den höheren Bandwürmern werden täglich diese Proglottiden mit dem Kot des Wirts abgesetzt, und als weißliche Stücke bzw. Bänder erkennbar. Aus ihnen sind aber schon im Darm – wie regelmäßig bei den niederen Bandwürmern – die Eier ausgetreten. Diese Eier enthalten bereits eine schwimmfähige, bewimperte Larve, die von für jede Art spezifischen Zwischenwirten aufgenommen werden muß. Dabei ist der erste meist ein niederes Tier (z.B. Würmer, Kleinkrebse etc.), der zweite – wenn vorhanden im Zyklus – ein Friedfisch, in dessen Organen bzw. Leibeshöhle sich dann die infektionsfähigen Endlarven bilden (s.S. 96) und auch stapeln können. Im Darm der häufigsten Aquarienfische treten adulte Bandwürmer nur relativ selten auf. Lediglich bei Wildfängen, und räuberischen Nutzfischen muß damit häufiger gerechnet werden. Besondere Verbreitung bei uns haben Würmer der Gattung *Caryophyllaeus* (Süßwasser-Cestodaria) sowie höhere Bandwürmer der *Bothriocephalus*-Gruppe bei Süß- und Salzwasserfischen erlangt.

### 8.3.7 Nelkenwurmkrankheit (*Caryophyllaeus* sp.)

**Fundort.** Darmlumen.

**Auftreten.** Weltweit bei vielen Süßwasserfischen.

**Biologie und Merkmale.** Die geschlechtsreifen Würmer dieser Gruppe werden bis 3 cm lang und weisen einen ungegliederten Körper mit je einem Satz männlicher und weiblicher Geschlechtsorgane auf (Abb. 3.1-15). Das Vorderende hat die namensgebenden, nelkenartigen Falten, die zur Festheftung an der Darmwand dienen (Abb. 8.46). Die Eier werden mit dem Kot des Wirtes frei und enthalten bereits eine 10-Haken-Larve, die von bodenbewohnenden Ringelwürmern der *Tubifex*-Gruppe gefressen werden. In diesem Zwischenwirt entwickelt sich in 1–4 Monaten (art- und temperaturabhängig) eine infektionsfähige Larve (Procercoid), die nach Fressen des Ringelwurms durch einen Fisch in dessen Darm frei wird und in etwa 1–3 Monaten die Geschlechtsreife erlangt. Die adulten Würmer sind etwa 3–4 Monate lebensfähig und gehen dann mit dem Kot ab.

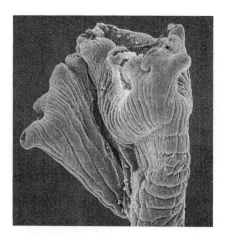

**Abb. 8.46.** Rasterelektronenmikroskopische Aufnahme des Vorderendes des Nelkenkopfbandwurms. x 15.

**Übertragung.** Orale Aufnahme von larvenhaltigen *Tubifex*.

**Symptome der Erkrankung.** Die Nelkenwurmkrankheit äußert sich nur bei starkem Befall bzw. Befall von relativ kleinen Fischen durch Darmverstopfung mit nachfolgender Vergiftung sowie durch starke Gewichtsabnahme mit dem Erscheinungsbild des eingefallenen Bauches bei kleinen Fischen.

**Diagnosemöglichkeiten.** Mikroskopische Untersuchung des Kots auf die typischen Eier.

**Vorbeugung.** Keine Verfütterung von lebenden *Tubifex* (vorher Tieffrieren).

**Bekämpfungsmaßnahmen.** Verabreichung von 1 x 5 mg Praziquantel (Droncit®) pro kg Fisch mit dem Trockenfutter oder 1,25 mg Praziquantel auf 10 g Fischfutter; s.S. 126.

### 8.3.8 *Bothriocephalus*-Krankheit

**Fundort.** Darm

**Auftreten.** Weltweit bei Süßwasserfischen.

**Biologie und Merkmale.** Diese gegliederten höheren Bandwürmer (artabhängig max. 1 m lang, meist jedoch nur 8 cm) sind durch einen vorderen Saugapparat zur Verankerung im Wirt und durch die Lage der Genitalöffnungen in einer in der Mittelachse liegenden Längsfurche gekennzeichnet. Die mit dem Kot des Wirtes abgesetzten, gedeckelten Eier enthalten eine schwimmfähige, bewimperte Larve (Coracidium), die von einem Kleinkrebs (Hüpferling,

**Abb. 8.47.** Makroskopische Aufnahme von Bandwurmproglottiden im Fischkot. x 4.

Copepode) aufgenommen wird. In ihm entsteht die Procercoid-Larve. Wird dieser Hüpferling von einem Fisch gefressen, entwickelt sich bei vielen Arten gleich wieder der adulte Wurm, bei einigen allerdings auch nur eine zweite Larve (Plerocercoid).

**Übertragung.** Bei Arten, die in Aquarienfischen parasitieren, erfolgt die Infektion durch Fressen von infizierten Kleinkrebsen (Copepoden).

**Symptome der Erkrankung.** Fische zeigen Freßunlust, sind apathisch, magern ab, aber der Darmtrakt bleibt bauchig geschwollen und die Würmer können evtl. von außen sichtbar werden; bei großen Würmern tritt evtl. der Tod der Fische ein.

**Diagnosemöglichkeiten.** Makroskopisch sichtbare, weißliche, rechteckige Proglottiden im Kot (Abb. 8.47).

**Vorbeugung.** Keine Verfütterung von in Teichen gefangenen Kleinkrebsen im lebenden Zustand (vorher Tieffrieren).

**Behandlungsmaßnahmen.** Verabreichung von 1 x 5 mg Praziquantel (Droncit®) pro kg Fisch im Trockenfutter oder 1,25 mg Praziquantel auf 10 g Trockenfutter.

### D. Fadenwürmer (*Nematodes*)

> *Der Fadenwurm, rank und schlank*
> *macht den Diskus schlapp und krank.*

Hierbei handelt es sich um lange, drehrunde, getrenntgeschlechtliche Würmer, bei denen die Männchen meist kleiner sind als die Weibchen. Es wurden bisher weltweit über 600 Arten von Fadenwürmern bei Fischen festgestellt, so daß hier neben den bereits beschriebenen *Camallanus*-Arten (s.S. 72) nur noch zwei Gruppen erwähnt werden sollen, die sich in einem Zierbecken nach Einschleppung ausbreiten können: Haar- und Madenwürmer.

#### 8.3.9 Haarwürmer (*Capillaria*-Arten und Verwandte)

**Fundort.** Darm, Leber.

**Auftreten.** Weltweit bei Süß- und Salzwasserfischen.

**Biologie und Merkmale.** Diese im weiblichen Geschlecht bis 35 mm langen, aber meist nur 80 µm dicken Würmer (Abb. 8.48) erhielten ihren Namen wegen dieser charakteristischen Form. Die abgelegten Eier sind durch zwei nicht hervortretende Polpfropfen charakterisiert. Ihre Entwicklung ist bei einigen Arten direkt, d.h. larvenhaltige Eier werden vom Fisch wieder aufgenommen; bei anderen sind Kleinkrebse (Gammariden, Copepoden) als Zwischenwirte notwendig.

**Übertragung.** Orale Aufnahme von larvenhaltigen Eiern oder Zwischenwirten.

**Abb. 8.48.** Schem. Darstellung der Proportionen eines Haarwurms.

**Symptome der Erkrankung.** Abmagerung, schleichende Schwächung mit nachfolgender Anfälligkeit für andere Infektionen.

**Vorbeugung.** Keine Verfütterung von lebendem Plankton, regelmäßiges Absaugen des Bodenmulms.

**Behandlungsmaßnahmen.** Verabreichung von Levamisol (Concurat®-L) oder Fenbendazol (Panacur®). In einem Extrabecken werden rote Mückenlarven in Wasser mit 300 mg Levamisol bzw. Fenbendazol pro Liter verbracht. Sobald die ersten Larven sterben, werden die lebenden verfüttert (2 × täglich für 3–5 Tage), weiteres Füttern unterbleibt. Für Fische, die kein Lebendfutter fressen, werden gleiche Mengen Medikament (300 mg/kg) ins Futter gerührt und verfüttert. Fische, die nicht mehr fressen, versuchsweise ins Medizinalbad (30 mg/l Wasser) setzen. Levamisol kann ohne Lösungsvermittler sofort ins Wasser getropft werden.

## 8.3.10 Askariden und Verwandte (*Oxyuriden*)

**Fundort.** Darm

**Auftreten.** Weltweit, häufiger bei Diskus-Arten.

**Biologie und Merkmale.** Bei Aquarienfischen haben im wesentlichen die sog. Madenwürmer (Namensgebung wegen ihres kurzen, dicken Körpers) Bedeutung erlangt. Sie werden bis 1 cm lang, weisen einen relativ spitzen Schwanz auf und entwickeln sich direkt, d.h. ausgeschiedene Eier bilden eine infektionsfähige Larve aus, die vom gleichen Fisch oder anderen Fischen des Beckens aufgenommen werden kann (= Anhäufungsgefahr!) Adulte Würmer leben nur 3–6 Wochen.

**Übertragung.** Orale Aufnahme von larvenhaltigen Eiern.

**Abb. 8.49.** Lichtmikroskopische Aufnahme eines weiblichen Oxyuriden mit seinen typischen Proportionen.

**Symptome der Erkrankung.** Apathie, Verweigerung des Futters, starke Schwächung; Diskus-Fische zeigen häufig die dunkle Streßfärbung.

**Diagnosemöglichkeiten.** Mikroskopischer Einachweis im Kot, Auffinden von abgegangenen toten Würmern im Kot (Abb. 8.49).

**Vorbeugung.** Quarantäne, regelmäßiges Absaugen des Bodenmulms.

**Behandlungsmaßnahmen.** S. Haarwürmer, S. 114.

### E. Kratzer (*Acanthocephala*)

> *Ist der Darm erst perforiert,*
> *so lebt's sich ungeniert*
> *und ohne Bange,*
> *doch nicht mehr lange.*

**Fundort.** Darm

**Auftreten.** Weltweit bei Süß- und Salzwasserfischen.

**Biologie und Merkmale.** Früher wurden die Kratzer im System zu den Nemathelminthes gestellt, heute werden sie als ein eigener Tierstamm geführt. Dazu hat nicht zuletzt die intensive Untersuchung ihrer Morphologie und speziellen Biologie beigetragen (vergl. Taraschewski, 1988). Kratzer sind getrenntgeschlechtlich und erreichen je nach Art mehrere cm in der Länge (max. 8 cm, Abb. 8.50A). Sie werden durch ihr artspezifisches, hakenbewehrtes, rüsselartiges Vorderende (Abb. 8.50B) sowie durch ihre Darmlosigkeit und eine typische, sonst nicht im Tierreich auftretende

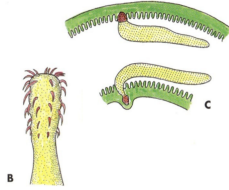

**Abb. 8.50.** Kratzer.
**A.** Makroaufnahme eines Fischdarms mit zahlreichen Kratzern.
**B, C.** Schem. Darstellung eines Vorderendes (**B**) und der Verankerung (**C**) von Kratzern im Darm (nach Taraschewski).

Ausgestaltung der Geschlechtsorgane charakterisiert. Mit Hilfe ihres Rüssels halten sie sich in der Darmwand fest (manche Arten perforieren diese sogar; Abb. 8.50C) und ernähren sich auch durch die Aufnahme von Substanzen aus der Darmwand. Die vom Weibchen abgesetzten Eier enthalten bereits eine Larve (Acanthor), die sich in Kleinkrebsen (Amphipoden, Muschelkrebse, Wasserasseln etc.) schließlich über eine Acanthella zur infektionsfähigen Cystacanth-Larve weiterentwickelt. In bestimmten Fischen können letztere »gestapelt« werden.

**Übertragung.** Die Infektion erfolgt über die orale Aufnahme von larvenhaltigen Kleinkrebsen oder Friedfischen.

**Symptome der Erkrankung.** Je nach Art (Perforation der Darmwand oder nicht) sind die Erkrankungen unterschiedlich schwer. Massenbefall kann zudem noch zu Darmverschluß führen (Abb. 8.50A); im allgemeinen treten auch bei schwächerem Befall immer ein geringeres Wachstum, Abmagerung, gelblicher Kot auf.

**Diagnosemöglichkeiten.** Mikroskopischer Nachweis von Eiern im Kot; Auffinden von Adulten bei der Sektion verendeter Fische.

**Vorbeugung.** Keine Verfütterung von lebenden Kleinkrebsen aus eigenen Teichfängen (Tieffrieren).

**Behandlungsmaßnahmen.** Verabreichung von Loperamid (Imodium®) im Futter. Es sollte nach Untersuchungen von Taraschewski et al. (1990) eine Dosis von 3 x 50 mg/kg Fisch erreicht werden. Die entsprechende Menge des Medikaments wird auf das Futter geträufelt und an hungrige Fische verfüttert (so kommt es nicht zur Verdünnung des Wirkstoffs). Als Faustregel soll folgendes Mischungsverhältnis dienen: 1,25 g Loperamid/100 g Futter.

## 8.4 Parasiten in der Leibeshöhle

In der Leibeshöhle von Fischen können eine Reihe von Entwicklungsstadien unterschiedlicher Parasiten liegen. Sie finden sich allerdings nur in nennenswerter Zahl in solchen Fischen, die von anderen Fischen, von Vögeln oder Säugern regelmäßig gefressen werden, weil sich dort dann die geschlechtsreifen Parasiten entwickeln. So treten bei Zierfischen die larvalen Stadien folgender Parasiten auf:

A. **Digenea**
Enzystierte Metacercarien (Abb. 8.28, 8.41C).
B. **Bandwürmer**
   1. Riemenwürmer (*Ligula* und Verwandte, Abb. 8.17, 8.51A, B).
   Hierbei handelt es sich um bis zu 60 cm lange Infektionslarven (Plerocercoide) von Bandwürmern, die in Vögeln geschlechtsreif werden. Diese Larven führen zur Kastration der betroffenen Fische. Erste Zwischenwirte sind Kleinkrebse (*Cyclops-Arten*), in denen das erste Larvenstadium entsteht. Die Bäuche betroffener Fische sind aufgedunsen, ihre Bewegungen werden langsamer, so daß sie leicht von Vögeln gefressen werden können.
   2. Schistocephalus – Plerocercoide (Abb. 8.51C).
   Der Zyklus dieser bis 5 cm langen Larven gleicht dem der Riemenwürmer, ebenso das Erscheinungsbild befallener Fische.
C. **Larven von Nematoden** (Abb. 8.56).
D. **Adulte Nematoden** (s.S. 78, 113ff).
E. **Adulte Kratzer** (s.S. 116).

Da es sich bei diesen, unter A–E genannten Parasiten um larvale Stadien handelt, bleibt eine Übertragung auf andere Fische des Beckens ausgeschlossen, d.h. es besteht kein Risiko der Ausbreitung. Die **Chemotherapie** kann mit den entsprechenden Dosen Praziquantel (s.S. 111) bei Digenea und Bandwürmern bzw. Levamisol (s.S. 114) bei den Fadenwürmern erfolgen.

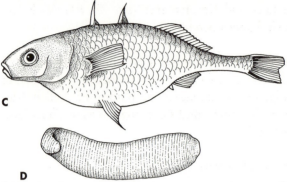

**Abb. 8.51.** Bandwurmlarven. **A.** *Ligula,* **B.** *Schistocephalus,* **C.** Schem. Darstellung eines Stichlings, dessen Bauch wegen eines *Ligula*-Befalls stark geschwollen ist (vergl. Abb. 8.17) und Darstellung einer herauspräparierten Larve in Größenrelation (**D**).

## 8.5 Parasiten im Blut

*Blut ist ein besonderer Saft,*
*der die Lebensfreude schafft.*
*Enthält er aber Trypanosoma*
*fallen die Fische ins Koma.*

### A. Einzeller

#### 8.5.1 *Trypanosoma*-Arten

**Fundort.** Freischwimmend im Blut.

**Auftreten.** Weltweit bei Süß- und Salzwasserfischen.

**Biologie und Merkmale.** Hierbei handelt es sich um eingeißelige 10–100 µm lange, sog. trypomastigote Formen, die sich durch Längsteilung vermehren (Abb. 8.52).

**Übertragung.** Als Überträger gelten blutsaugende Ektoparasiten wie Egel und Karpfenläuse (s.S. 78, 81). Viele Lebenszyklen sind aber noch unbekannt.

**Symptome der Erkrankung.** Meist ohne Symptome, bei Schwächung von Fischen kann es zu Massenvermehrung und nachfolgend zu Abmagerung, Blutarmut, hellen Kiemen kommen; Taumeln und Glotzaugen treten dann kurz vor dem Tod auf.

**Diagnosemöglichkeiten.** Entnahme eines Tröpfchen Bluts und mikroskopische Untersuchung. Bei Lebendbetrachtung fallen die Parasiten durch zappelnde Bewegungen auf.

**Vorbeugung.** Optimierung der Haltungsbedingungen, Entfernung potentieller Überträger aus dem Becken.

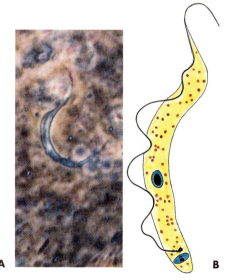

**Abb. 8.52.** *Trypanosoma* sp. in lichtmikroskopischer (**A**) und schem. Darstellung (**B**); das große Mitochondrion (sog. Kinetoplast, blau) ist an der Geißelbasis besonders kräftig gefärbt. **A:** x 1000.

**Bekämpfungsmaßnahmen.** Versuchsweise Metronidazol (Flagyl®, Clont®, s.S. 100).

## 8.5.2 *Trypanoplasma*-Arten

**Fundort.** Freischwimmend im Blut.

**Auftreten.** Süß- und Salzwasserfische.

**Biologie und Merkmale.** *Trypanoplasma*-Arten sind durch zwei Geißeln charakterisiert (Abb. 8.53). Je nach Art bzw. Entwicklungsstadium treten schlanke und gedrungene, stets etwa 15–20 µm lange Formen auf, deren Artzugehörigkeit bei Zierfischen meist unbekannt bleibt. Die Vermehrung erfolgt durch Zweiteilung.

**Übertragung.** Beim Saugakt von blutsaugenden Ektoparasiten, z.B. Egel, Kleinkrebse, Karpfenläuse (s.S. 78, 81).

**Symptome der Erkrankung.** Apathie, Freßunlust, Blutarmut, helle Kiemen, Abmagerung mit Todesfolge bei Erhöhung der Wassertemperaturen.

**Diagnosemöglichkeiten.** Mikroskopische Untersuchung eines Tropfen Bluts.

**Vorbeugung.** Optimierung der Haltungsbedingungen, Absenken der Wassertemperatur auf ein artgerechtes Niveau (s.S. 139), Entfernung potentieller Überträger aus dem Becken.

**Bekämpfungsmaßnahmen.** Versuchsweise Metronidazol (s.S. 100).

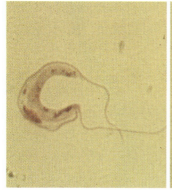
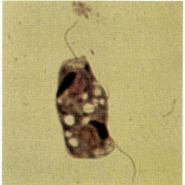
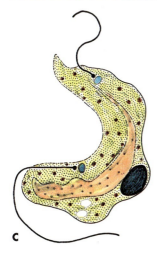

**Abb. 8.53.** *Trypanoplasma* sp. in lichtmikroskopischer (**A, B**) und (**C**) schem. Darstellung. Die Kinetoplasten (blau) liegen als Teile des sonst rötlich-braun erscheinenden Mitochondrions an der Basis der Geißeln. x 1000.

## 8.5.3 Haemogregarinen

**Fundort.** Intrazellulär in roten Blutkörperchen.

**Auftreten.** Süß- und Salzwasserfische.

**Biologie und Merkmale.** Haemogregarinen gehören zu den Coccidien und sind Verwandte der menschlichen Malaria-Erreger. Sie vermehren sich intrazellulär u.a. in roten Blutkörperchen, was zu deren Zerstörung führt.

**Übertragung.** Überträger sind offenbar blutsaugende Ektoparasiten (Kleinkrebse, Egel; s.S. 78, 81).

**Symptome der Erkrankung.** Helle Kiemen, Blutarmut, Schwäche, Abmagerung, Tod (insbesondere bei Erhöhung der Haltungstemperaturen).

**Diagnosemöglichkeiten.** Mikroskopische Untersuchung von Blutausstrichpräparaten.

**Vorbeugung.** Eher niedrige Temperaturen im Aquarium fahren, Entfernung potentieller Überträger.

**Behandlungsmaßnahmen.** Unbekannt; bei sicherer Diagnose und bei wertvollen Fischen sollte ein Chinin-Medizinal-Bad (1 g auf 100 l für 3 Tage) versucht werden. Allerdings wirkt Chinin bei vielen Fischen toxisch!

## B. Würmer

### 8.5.4 Saugwürmer (*Digenea*)

**Fundort.** In Blutgefäßen, im Herzen, besonders in den Kiemen.

**Auftreten.** Bei Süß- und Salzwasserfischen, aber relativ wirtsspezifisch, daher eher selten.

**Biologie und Merkmale.** Im Blut von Süßwasserfischen leben mehrere *Sanguinicola*-Arten (u.a. *S. inermis* bei Karpfenartigen), in Meeresfischen finden sich die Vertreter der Gatt. *Aporocotyle*. *Sanguinicola*-Arten werden 1,5 x 0,3 mm groß, während *Aporocotyle* bis 5 mm erreicht. Alle Arten besitzen im Gegensatz zum generellen Bauplan der übrigen Vertreter dieser Gruppe keine Saugnäpfe (Abb. 8.54). Ihr blutgefüllter Darm ist nicht gegabelt, sondern weist seitlich 4–6 Blindsäcke auf. Die Oberfläche dieser zwittrigen »Blutegel«, die stets mehrere Hodenbläschen und nur ein flügelartig erscheinendes Ovar aufweisen, ist mit Dornen übersät, die ein Festhalten in den Blutgefäßen erlauben. Die Eier, die aus dem im hinteren Körperdrittel mündenden Uterus austreten, sind spindelförmig (*Aporocotyle*, 125 x 33 μm) bzw. pyramidenförmig (*Sanguinicola*, 70 x 40 μm). Sie enthalten eine als Miracidium bezeichnete Wimperlarve. Gelangen diese Eier mit dem Blutstrom in die Kiemen, so schlüpfen dort die Miracidien und bohren sich nach draussen. Im Wasser suchen sie aktiv Wasserschnecken (z.B. die einheimischen *Lymnaea*-Arten) oder je nach Art auch bodenbewohnende Borstenwürmer (Polychaeten) als Zwi-

**Abb. 8.54.** Schem. Darstellung des »Blutegels« *Sanguinicola* sp. Darm = grün, Hoden = rot, weibliches System = blau, Exkretionsblase = orange (nach Yamaguti).

schenwirte auf. Dort entstehen in einer Vermehrungsphase in sog. Sporocysten schwimmfähige Gabelschwanzlarven, die Furcocercarien, die sich nach dem Verlassen des Zwischenwirts aktiv in den Fisch einbohren und in dessen Blut zum geschlechtsreifen Wurm heranwachsen.

**Übertragung.** Aktives Eindringen von schwimmfähigen Cercarien in die Fische.

**Symptome der Erkrankung.** Apathie, helle Kiemen, Atembeschwerden, Abmagerung, Schäden durch Verstopfung von Blutkapillaren durch die relativ großen Eier in den Nieren und Kiemen; nachfolgende Funktionsverluste bis hin zu Symptomen der Bauchwassersucht; bei starkem Befall: Tod.

**Diagnosemöglichkeiten.** Nachweis der Eier im Kiemenabstrich bei verendeten Tieren.

**Vorbeugung.** Kein Einbringen von Schnecken aus Freilandteichen ohne 4–6wöchige Quarantäne.

**Bekämpfung.** Im gut belüfteten Extrabecken Anwendung eines Medizinalbads mit Praziquantel (Droncit®). Hiervon gibt es eine freiverkäufliche (apothekenpflichtige) 5,6%ige Lösung. 1 ml Lösung auf 2,5 l bzw. 5 l Wasser ergeben dann eine Wirkstoffkonzentration von etwa 10 bzw. 20 mg/l Wasser. Die Behandlungsdauer mit der 20 mg-Dosis sollte 4 h nicht überschreiten; 10 mg: bis 3 Tage im Dauerbad. Allerdings sollte der Fisch dabei beobachtet und bei Anzeichen von Unverträglichkeit zurückgesetzt werden. Wiederholung der Behandlung nach etwa 3 Wochen wird empfohlen, da die Wirkung auf heranwachsende Stadien geringer sein dürfte.

### 8.5.5 Fadenwürmer

Im Blut können zudem die bereits an anderer Stelle beschriebenen Drachenwürmer bei ihren Wanderungen durch den Körper zur Außenseite angetroffen werden. Die Bekämpfungsmaßnahmen sind ebenfalls dort dargestellt (s.S. 113ff.).

## 8.6 Parasiten in der Schwimmblase

Die Schwimmblase, deren Wandung gut durchblutet ist und die bei der Fischgruppe der sog. Physostomen auch über einen Gang mit dem Darm in Verbindung steht, ist daher naturgemäß Zielorgan einer Reihe von Parasiten. Einige Arten suchen dabei ausschließlich die Schwimmblase auf (z.B. bestimmte *Goussia-*, *Eimeria*-Arten, einige Fadenwürmer), andere treten in allen gut durchbluteten Organen auf. Die Diagnose kann aber in den meisten Fällen nur bei Inspektion der inneren Organe von verendeten Tieren erfolgen. Erst danach kann eine Therapie bei den Überlebenden versucht werden.

### 8.6.1 Einzeller

Folgende Einzeller wurden bisher in der Schwimmblase von Zierfischen gefunden, wobei im wesentlichen Wildfänge aus tropischen Gebieten betroffen waren:
1. **Amoeben:** Sie dringen aus dem Darm nach hier vor und bilden entzündliche Herde (Abszesse), s.S. 102.
2. **Trypanoplasmen:** Sie können durch massenhafte Vermehrung dichte Pfropfen bilden und so ebenfalls lokale Entzündungen bewirken. Diagnose und Bekämpfung s.S. 122.
3. *Goussia-* **und** *Eimeria-***Arten:** Diese intrazellulären Parasiten, die nur bei Fischen mit einer bestehenden Ver-

bindung zwischen Darm und Schwimmblase auftreten (weil auf diesem Wege sowohl die Infektion als auch die Abgabe der Oocysten erfolgt), führen ebenfalls zu nestartigen Entzündungsherden und Blutungen. Die Schwimmblase kann ganz mit Eiter gefüllt sein. Bekämpfungsmaßnahmen, s.S. 103.
4. **Mikrosporidien:** Eine große Anzahl verschiedener Arten führt zu generellem Befall, d.h. viele Organe des Fischkörpers – so auch die Schwimmblase – werden befallen. Da diese Parasiten intrazellulär parasitieren, kommt es zu massenhafter Zellzerstörung mit nachfolgenden, entzündlichen Prozessen. Diagnosemerkmale, s.S. 130.
5. **Myxozoa:** Für diese Parasiten der Zellzwischenräume (s.S. 134) gilt im Prinzip das Gleiche wie für die Mikrosporidien.

### 8.6.2 Fadenwürmer

1. *Dracunculiden* (**Drachenwürmer**): Diese Würmer, die bereits an anderer Stelle dargestellt wurden, verbringen – je nach Art – kürzere oder längere Zeit in beiden Geschlechtern oder auch nur in einem in der Schwimmblase. Ihre Larven werden über den Verbindungskanal zum Darm (sog. Ductus pneumaticus) und nachfolgend mit dem Fischkot frei. Ihre stetige Blutaufnahme führt neben lokalen Entzündungen oft auch zur Perforation der Blase und damit zum Funktionsverlust. Diagnose und Bekämpfung, s.S. 76.
2. *Cystidicola*-**Verwandte:** Bei tropischen Zierfischen finden sich gelegentlich gewundene, extrem dünne (0,5 mm), doch relativ lange Würmer (bis 2 cm), die offenbar den einheimischen *Cystidicola*-Arten bei Stichlingen oder Salmoniden ähneln. Die Eier enthalten beim Absetzen bereits eine Larve; sie sind zwar selbst relativ klein (50 µm), doch besitzen sie an einem oder beiden

Zellpolen mehrfach längere, oft paarige, fadenförmige, gewundene Fortsätze. Als mögliche Zwischenwirte gelten Insektenlarven, in denen sich die infektionsfähige Larve 3 heranbildet.

**Übertragung:** Frißt der Fisch diese larvenhaltigen Zwischenwirte, so ist der Lebenszyklus geschlossen. Ein Befall der Schwimmblase äußert sich ebenfalls in heftigen Entzündungen. Als **Vorbeugung** kann relativ wenig getan werden, bis auf die Vermeidung der Verwendung ungefilterten Teichwassers, da so infizierte Zwischenwirte bzw. deren Stadien eingeschleppt werden könnten. Eine unmittelbar erprobte Chemotherapie ist nicht bekannt, dennoch sollten die für Dracunculiden (s.S. 77) empfohlenen Fadenwurmmittel auch hier wirken, zumal diese auch eine gute Wirkung auf Lungenwürmer (z.B. beim Igel) haben und somit auf dem Blutwege transportiert werden dürften.

## 8.7 Parasiten in der Muskulatur

*Ein Fisch zwar nicht ertrinken kann,*
*doch sieht man ohne Freude an,*
*was von ihm überbleibt,*
*wenn er muskellos im Wasser treibt.*

In der Muskulatur als gut durchblutetes Organ treten naturgemäß eine Reihe von Parasiten auf, die auf dem Blutweg verbreitet werden. Drei Gruppen haben dabei besondere Bedeutung:

## 8.7.1 Mikrosporidien
(hier: *Pleistophora hyphessobryconis*)

> *Ist der Neon bleich und fahl,*
> *ihm die Spore die Farbe stahl.*

**Fundort.** Muskulatur.

**Auftreten.** *Hyphessobrycon* (syn. *Paracheirodon*) *innesi, H. flammeus, H. callistus callistus, H. heterorhabdus, H. rosaceus, Hemigrammus ocellifer, He. pulcher, Brachydanio rerio, B. nigrofasciatus, Barbus lineatus, Hasemania nana, Xiphophorus helleri* sowie – häufig unerkannt (!) in Schleierschwanz-Goldfischen *Carassius auratus*.

**Biologie und Merkmale.** Die Infektion mit *Pleistophora* erfolgt durch die orale Aufnahme der ovoiden 4–6 x 3 µm messenden, mit einer kugelförmigen, lichten Polkapsel von etwa 3 µm Durchmesser versehenen Spore (Abb. 8.55B) mit der Muskulatur anderer Fische oder nach Freisetzung (nach deren Tod, Platzen von stark verdünnten Haut/Muskelbereichen, Kot oder Urin). Im Darm schlüpft der Amoeboidkeim aus der Spore, wandert durch den schlauchartigen, in die Wirtszelle injizierten Polfaden, und gelangt von dort auf dem Blutweg in die Muskulatur, wo Zellen oft mehrfach befallen werden können. Dort kommt es zur Bildung von 30 µm großen, kugeligen Vermehrungsstadien, die bei Mehrfachbefall eine Muskelfaser stark vergrößern und den Wirt zu einer Abkapselreaktion (= Xenombildung) veranlassen können, so daß kleinere, beulenartige Vorwölbungen an der Fischoberfläche entstehen können. In diesen sog. Sporonten entstehen durch wiederholte Teilungen schließlich mindestens 16 bis 30 Sporen (Abb. 8.55C). Nach Zerstörung der Muskulatur kommt es offenbar zur Verdriftung der Sporen im Fischkörper und auch zu deren Ausscheidung über den Kot und Urin.

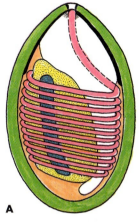
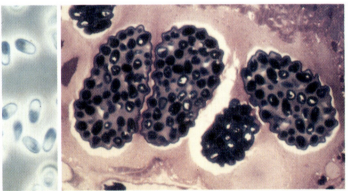

**Abb. 8.55.** Mikrosporidien. **A.** Schem. Darstellung einer Spore mit aufgewickeltem Polfaden (rosa); Sporoplasma = gelb, Kern = blau, Wand = grün. **B.** Lichtmikroskopische Aufnahme von freien Sporen x 1000. **C.** *P. hyphessobryconis*; Schnitt durch eine Muskelfaser, die hier 5 Sporonten (mit vielen Sporen in der Bildung) enthält. x 500.

**Übertragung.** Orale Aufnahme von Sporen (Abb. 855.A, B).

**Symptome des Befalls** (Echte Neonkrankheit). Verblassen der Farbe, Auftreten von hellen Flecken, Unterbrechung des Farbstreifens beim Neon. Starker Befall der Muskulatur führt zu Schwimm- und Haltungsauffälligkeiten (schräge Stellung, Verkrümmung der Wirbelsäule, unruhiges Schwimmen, besonders nachts) und schließlich über Abmagerung zum Tod.

**Diagnosemöglichkeiten.** Auftreten von Farbänderungen (s.o.), mikroskopische Inspektion verendeter Tiere.

**Vorbeugung.** Quarantäne von neuen Fischen; regelmäßige Beobachtung der Fische; sofortige Entfernung verdächtiger Individuen, da sich eine Infektionskette im Becken aufbauen und schnell zum Verenden aller Tiere führen kann.

**Bekämpfungsmaßnahmen.** Auf dem deutschen Markt ist kein Mittel zugelassen, das eine ausreichende Wirkung hätte; einige sind in der Entwicklung (s. Mehlhorn et al., 1988; Schmahl et al., 1988). So bleiben als Sofortmaßnahme das Töten befallener Fische, sofortiger Wasserwechsel, Absaugen des Bodenmulms und Desinfektion des Beckens mit heißem Wasser (nach Entnahme der Pflanzen und deren Reinigung, s.S. 23).

### 8.7.2 Myxosporidien

Diese – insgesamt gesehen – artenreichsten Fischparasiten haben bei Zierfischen nicht die gleiche Bedeutung wie bei Nutzfischen, dennoch finden sich die Vertreter zahlreicher Arten auch in der Muskulatur von Zierfischen. Da häufig gleichzeitig Vermehrungsprozesse in der Niere und/oder Gallenblase etc. ablaufen, kommt es häufig (bei Einschleppung) auch zur **Ausbreitung** in einem Becken. Da während der Vermehrungsphase 2–3 mm große, vielkernige Gebilde (Plasmodien), die vom Wirtsgewebe in eine Art Cyste eingeschlossen werden, entstehen, ist ein Myxosporidienbefall häufig von außen durch Beulenbildung erkennbar. Die wichtigsten Gattungen und weitere Details sind auf S. 134 dargestellt.

## 8.7.3 Wurmlarven

Die Muskulatur ist wegen ihrer Funktion besonders gut durchblutet, so daß über das Blut auch viele Wurmlarven eindringen. Adulte Würmer finden sich eigentlich nie in der Muskulatur, da von dort aus die Nachkommenschaft (Eier, Larven) nur schwer ins Freie gelangen kann. Wurmlarven sind allerdings – insbesondere bei Wildfängen – häufig und sehr vielgestaltig. Für diese Wurmarten sind die Zierfische dann Zwischenwirte. Aus diesem Grund können sich diese Parasiten in einem Aquarium nicht ausbreiten und führen bei schwerer Erkrankung nur zum Tode eines Individuums. So konnten die Metacercarien der digenen Saugwürmer (Trematoden, s.S. 94), die Plerocercoide der Bandwürmer (s.S. 96) und eine Reihe von Larven 1–3 der Fadenwürmer (Abb. 8.56) angetroffen werden. Die Diagnose kann aber leider meist erst nach dem Tode des betroffenen Fisches gestellt werden.

**Abb. 8.56.** Makroskopische Aufnahmen einer Fadenwurmlarve im Fisch (**A**) und herauspräpariert (**B**). x 5

# 8.8 Parasiten im Nervensystem/Knochen

> *Wer mit dem Schwanz nicht schlagen kann, bleibt im Schwarm stets hintendran.*

## 8.8.1 *Myxobolus cerebralis*

**Fundort.** Gehirn, Rückenmark, Knochen/Knorpel.

**Auftreten.** Kaltwasserfische.

**Biologie und Merkmale.** Bei Kaltwasserzierfischen treten typische *Myxobolus*-Sporen (Abb. 8.57) auf, bei denen allerdings im Experiment noch nicht gezeigt wurde, daß sie identisch sind mit *M. cerebralis* der einheimischen Salmoniden. Somit bleibt auch unklar, ob sich diese Arten – wie *M. cerebralis* – in einem zweiten Wirtstyp (= bodenbewohnende Ringelwürmer – Tubificiden) in einer gleichberechtigten, aber völlig anders erscheinenden Form (als sog. *Triactinomyxon* sp.) vermehren. Weitere Artmerkmale s.S. 60.

**Übertragung.** Bei zweiwirtigem Zyklus orale Aufnahme von *Tubifex*-Würmern; bei einwirtigem Entwicklungsgang orale Aufnahme von Sporen.

**Symptome der Erkrankung.** Der Befall des Gehirns, des Knochens und/oder der Muskulatur und die damit verbundene Gewebezerstörung durch die großen Vermehrungsstadien verlaufen zwar langsam, haben aber letztlich stets Auswirkungen auf das gesamte Bewegungssystem und Schwimmverhalten der Fische. Taumelnde bzw. kreisende Bewegungen sind erster Ausdruck derartiger Störungen; Umstrukturierung des Bewegungsapparates (Krümmungen etc.) sind die Folge. Wegen verminderter Nahrungsaufnah-

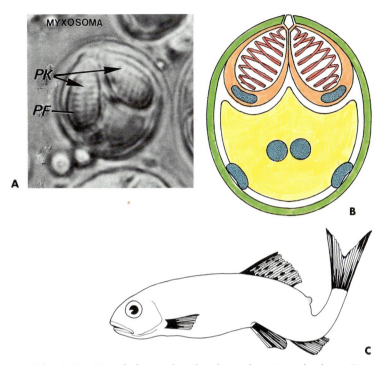

**Abb. 8.57.** *Myxobolus*. Lichtmikroskopische (**A**) und schem. Darstellung von Sporen (**B**). Polfäden = rot, Sporoplasma = gelb, Schalenhälfte = grün. **C.** Rückgratkrümmung bei *Myxobolus cerebralis*-Befall der Forelle. Die beobachteten Veränderungen bei Zierfischen waren geringgradiger (vergl. Abb. 9.4). PF = Polfaden; PK = Polkapsel.

me kommt es zur Abmagerung und Anfälligkeit gegen Sekundärinfektionen, die ihrerseits zum Tode führen können.

**Diagnosemöglichkeiten.** Mikroskopischer Nachweis von Sporen aus Geweben verendeter oder getöteter Tiere.

**Vorbeugung.** Quarantäne bei neuen Fischen; sofortige Entnahme bewegungsgestörter Fische aus dem Aquarium, Wasserwechsel; Spülen des Sandes, der Pflanzen, der Dekorationen; Absaugen des Bodenmulms.

**Bekämpfungsmaßnahmen.** Ein befriedigendes Medikament ist noch nicht auf dem Markt (vergl. Mehlhorn et al., 1988; Schmahl et al., 1989), so daß lediglich Isolierungsmaßnahmen und das Töten verdächtiger Fische helfen, eine Ausbreitung im Becken zu vermeiden.

### 8.8.2 Wurmlarven

Die auf den Seiten 113, 128 aufgelisteten Wurmlarven parasitieren ebenfalls im Nervensystem. Dies geschieht offenbar während ihrer Körperwanderphase. Je nach betroffenem Abschnitt treten als Anzeichen eines Befalls Taumelbewegungen, Haltungsstörungen und/oder Störungen des Freß- und Sozialverhaltens auf. Ein tatsächlicher Befall kann aber erst nach dem Tod des Fisches bei einer Sektion nachgewiesen werden. Da mehrere andere Parasiten ähnliche Symptome hervorrufen und sich zusätzlich im Becken ausbreiten können, bleibt bei Verdacht lediglich die Entnahme verdächtiger Individuen.

# 9 Beliebte Zierfische nach der Behandlung

In diesem Teil des Büchleins werden 48 Fische, die zu den beliebtesten in der deutschen Aquaristik gehören, nach einer erfolgreichen Behandlung gegen Fischparasiten gezeigt. Sie haben alle ihre volle Schönheit wieder erlangt und eine oder mehrere der empfohlenen Behandlungsmethoden problemlos ertragen. Die in der Legende aufgelisteten Daten sollen zur Optimierung der Haltung dieser farbenprächtigen Hausgenossen beitragen.
Die hier vorgestellten Arten sind wie folgt im zoologischen System der Fische eingeordnet:

**System der Knochenfische (Auszug):**

Klasse: Osteichthyes (= Teleostomi).
  Überordnung: Teleostei.
    Ordnung: Mormyriformes (Nilhechtartige).
      Familie: Mormyridae (Nilhechte, Abb. 9.27).
    Ordnung: Cypriniformes (Karpfenartige)
      Familie Characidae (Am. Salmler, Abb. 9.18–9.24).
      Familie: Alestidae (Afrik. Salmler, Abb. 9.17).
      Familie: Cyprinidae (Karpfenfische, Abb. 9.11–9.16).
        Unterfamilie: Rasborinae (Bärblinge, Abb. 9.13).
    Ordnung: Siluriformes (Welsartige).
      Familie: Schilbeidae (Glaswelse, Abb. 9.31).
      Familie: Callichthyidae (Schwielenwelse, Abb. 9.32–9.33).

Familie: Loricariidae (Harnischwelse, Abb. 9.34).
Familie: Pirmelodidae (Antennenwelse).
Ordnung: Atheriniformes.
　Unterordnung: Cyprinodontoidei.
　　Familie: Cyprinodontidae (Eierlegende Zahnkarpfen, Killifische, Abb. 9.1–9.3).
　　Familie: Poeciliidae (Lebendgebärende Zahnkarpfen, Abb. 9.4–9.10).
　Unterordnung: Gasterosteoidei (Stichlingsartige).
　　Familie: Gasterosteidae (Stichlinge, Abb. 8.17).
Ordnung: Scorpaeniformes.
　　　Unterfamilie: Pteroinae (Feuerfische, Abb. 9.39).
Ordnung: Perciformes (Barschartige).
　Unterordnung: Percoidei (Barschfische).
　　Familie: Percidae (Echte Barsche).
　　Familie Cichlidae (Buntbarsche, Abb. 9.28–9.30).
　　Familie: Serranidae.
　　　Unterfamilie: Anthiinae (Fahnenbarsche, Abb. 9.41).
　　Familie: Pomacentridae (Riffbarsche).
　　　Unterfamilie: Amphiprioninae (Anemonenfische, Abb. 9.42–9.44).
　　Familie: Blenniidae (Schleimfische, Abb. 8.39).
　　Familie: Microdesmidae (Wurmfische).
　　　Unterfamilie: Ptereleotrinae (Schläfergrundeln, Abb. 9.48).
　　Familie: Gobiidae (Grundeln).
　　Familie: Acanthuridae (Doktorfische, Abb. 9.45–9.47).
　Unterordnung: Anabantoidei (Kletterfische).
　　Familie: Belontiidae, Anabantidae (Kletterfische, Abb. 9.35–9.38).
Ordnung: Tetraodontiformes.
　　Familie: Monacanthidae (Feilenfische, Abb. 9.40).
　　Familie: Ostraciidae (Kofferfische).
　　Familie: Tetraodontidae (Kugelfische).

Die bildliche Darstellung erfolgt allerdings nicht in systematischer Reihung, sondern teilt nach dem für die Praxis relevanten Lebensraum in Süß- und Salzwasserfische auf.

## 9.1 Süßwasserfische

A

B

**Abb. 9.1 A, B.** Männchen zweier Arten von Prachtgrundkärpflingen (*Nothobranchius* sp., Fam. Cyprinodontidae – Killifische, eierlegende Zahnkarpfen). Vorkommen: Afrika: oft – je nach Art – sehr kleine Areale, z.B. Insel Sansibar; Ostafrika: Malawi, Nähe Chilwa-See. Länge etwa 4–6 cm; Futter: Lebendfutter (auch Tiefgefrorenes), manche Arten auch Trockenfutter. **Besonderheiten:** Lebhaft, etwas unverträglich, relativ kurzlebig (»Saisonfisch«); liebt dunklen, weichen Bodengrund, lockere Bepflanzung, niedrigen Wasserstand (ca. 20 cm); Wasser weich (4–6 °dGH) und leicht sauer (pH 6,5).

**Abb. 9.2.** Männchen des Blauen Fächerfischs (*Cynolebias bellottii*, Fam. Cyprinodontidae – eierlegende Zahnkarpfen, Killifische). Vorkommen: Südamerika: Im Einzugsgebiet des Rio de la Plata (heute Nachzuchten). Länge max. 7 cm; frißt überwiegend Lebendfutter, aber auch Trockenfutter. **Besonderheiten:** Fische sind sehr kurzlebig (max. 10 Monate); die Männchen sind stärker gefärbt. Liebt weichen Bodengrund, geringen Wasserstand (ca. 30 cm), wenig Pflanzen; Wasser weich (5 °dGH), leicht sauer (pH 5,5–6,5).

**Abb. 9.3 A.** Männchen des Bunten Prachtkärpflings »Kap Lopez« (*Aphyosemion australe*, Fam. Cyprinodontidae – Killifische, eierlegende Zahnkarpfen). Vorkommen: Westafrika (Nachzuchten); erreicht eine Länge bis 6 cm, frißt Lebendfutter aller Art (auch Tiefgefrorenes); manche Tiere nehmen auch Trockenfutter an. Optimale Wassertemperatur: 21–24 °C. **Besonderheiten:** Liebt dichte Bepflanzung, dunklen Bodengrund, weiches Wasser (bis 10 °dGH), mäßig sauer (pH 5,5–6,5); Seesalzzusatz, ca. 1 Teelöffel auf 10 l Wasser. – Sehr friedliche Art –. **B.** Männchen des Blauen Prachtkärpflings (*Aphyosemion sjoestedtii*; Fam. Cyprinodontidae – Killifische, eierlegende Zahnkarpfen). Vorkommen: Südl. Nigeria, West-Kamerun, Ghana; optimale Haltung bei 23–26 °C (pH 5,5–6,5), in geräumigen Becken, mit dichtem Pflanzenbewuchs und dunklem Bodengrund (Torf). Nur Lebendfutter: Tubifex, Enchyträen, Mückenlarven, kleine Fische. **Besonderheiten:** oft rauflustig, Männchen viel farbenprächtiger als Weibchen – Saisonfisch.

**Abb. 9.4.** Fächerschwanzguppy-Männchen (*Lebistes reticulatus*, syn. *Poecilia reticulata*, Fam. Poeciliidae – lebendgebärende Zahnkarpfen). Vorkommen: Mittelamerika – Brasilien, heute Nachzuchten; wird bis 6 cm lang, Wassertemperatur 18–28 °C (pH 7,0–8,5), Allesfresser. Das Skelett des unten dargestellten Fischs ist durch Parasitenbefall deformiert.

9.5

9.6

**Abb. 9.5.** Schwertträger – hier Lyra-tail Zuchtform (*Xiphophorus helleri*, Fam. Poecilidae – lebendgebärende Zahnkarpfen); ursprünglich stammt diese Art aus Zentralamerika, heute Nachzuchten; Temperaturbereich des Süßwassers: 18–28 °C (pH 7–8,5); frißt Flockenfutter.

**Abb. 9.6.** Guppy (oben s.S. 142); unten: Schwertträger *Xiphophorus helleri* (Erläuterung s. Abb. 9.5).

**Abb. 9.7.** Schwertträger, weitere Form der Farbgestaltung; oben Weibchen, unten Männchen (Erklärung s. Abb. 9.5).

**Erläuterung zu Abb. 9.21, S. 152**
Roter von Rio (*Hyphessobrycon flammeus*); diese Art stammt ursprünglich aus den Gewässern rund um Rio de Janeiro (Brasilien), läßt sich aber heute sehr leicht nachzüchten (selbst im ungeheizten Zimmeraquarium) und eignet sich daher besonders für Anfänger. Männchen und Weibchen sind nur schwer zu unterscheiden. Die stark ausgeprägte Farbigkeit tritt erst bei den Optimumstemperaturen von 24–26 °C ein (pH 5,8). Diese Fische sind Allesfresser. **Bemerkenswert:** Manche Weibchen verhalten sich wie Männchen und treiben andere zur Eiablage. Diese Eier gehen aber wegen fehlender Besamung zu Grunde.

**Abb. 9.8.** Platy, Spiegelkärpfling (*Xiphophorus maculatus*, Fam. Poeciliidae – lebendgebärende Zahnkarpfen). Vorkommen: östl. Mittelamerika und Nachzuchten; Weibchen wird bis 6 cm lang; Haltungstemperatur 18–25 °C (pH 7,0–8,2); Allesfresser. Beim unteren Individuum haben Haut- und Kiemenwürmer (s. S. 64) die Flossen abgefressen.

**9.9**

**9.10**

**Abb. 9.9.** Segelkärpfling (*Poecilia velifera*, Fam. Poeciliidae – lebendgebärende Zahnkarpfen). Vorkommen: Mexiko; Weibchen wird bis 18 cm lang; die Art liebt Süßwasser von 25–28 °C (pH 7,5–8,5), frißt Algen, Insekten und Flockenfutter.

**Abb. 9.10.** Black Molly (*Poecilia sphenops*, Fam. Poeciliidae – lebendgebärende Zahnkarpfen); stammt ursprünglich aus Mittelamerika, heute Nachzuchten; wird bis 6 cm lang, ist wärmebedürftig (26–30 °C, Süßwasser, pH 7,5–8,2), Pflanzen- und Flockenfresser.

9.11

9.12

**Abb. 9.11.** Prachtbarbe (*Barbus conchonius*, Fam. Cyprinidae – Karpfenartige); ursprünglich nördliches Vorderindien, heute Nachzuchten; Länge: bis 15 cm; liebt Süßwasser von 18–22 °C (pH 6,5) und ist Allesfresser.

**Abb. 9.12.** Zebrabärbling (*Brachydanio rerio*, Fam. Cyprinidae – Karpfenartige); ursprüngliche Herkunft: Vorderindien, heute Nachzuchten; Länge bis 6 cm; Wassertemperatur: 18–24 °C (pH 6,5); Allesfresser.

9.13

9.14

**Abb. 9.13.** Keilfleckbärbling (*Rasbora heteromorpha*, Fam. Cyprinidae – Karpfenartige; aus Südostasien); wird etwa 4,5 cm lang, bevorzugt Süßwasser von 24 °C (pH 5,5) und ist als problemloser Allesfresser relativ leicht zu halten.

**Abb. 9.14.** Koi-Zierkarpfen (*Cyprinus carpio*, Fam. Cyprinidae – Karpfenartige). Vorkommen: ursprünglich China, heute weltweit; wird 20 bis 120 cm lang, Wassertemperatur 10–23 °C (pH 7–7,5), frißt besonders gern Lebendfutter (Krebse, Würmer etc.), aber auch Flocken und pflanzliche Kost.

9.15

9.16

**Abb. 9.15.** Karausche, Goldfisch (*Carassius auratus*, Fam. Cyprinidae – Karpfenartige); wird bis max. 36 cm lang. Verbreitung: früher China, heute weltweit; Temperaturbereich 10–20 °C (pH 7,0); ist Allesfresser.

**Abb. 9.16.** Feuerschwanz-Fransenlipper (*Epalzeorhynchus bicolor*, Fam. Cyprinidae – Karpfenartige). Vorkommen: Thailand (Importe); wird bis 12 cm lang, Haltung bei 22–26 °C (pH 7,0), frißt Lebendfutter und Pflanzen.

9.17

9.18

**Abb. 9.17.** Blauer Kongosalmler – Männchen (*Phenacogrammus interruptus*, Fam. Alestidae – Afrik. Salmler); Vorkommen: Zaire; wird als Männchen bis 8,5 cm lang; Temperaturoptimum 24–27 °C (pH 6,2); frißt Lebend- und Trockenfutter.

**Abb. 9.18.** Rotkopfsalmler (*Hemigrammus bleheri*, Fam. Characidae – Amerik. Salmler); Vorkommen: Kolumbien, Brasilien, heute Nachzuchten; wird bis 4,5 cm lang; liebt Wasser von 23–26 °C (pH 6,5), frißt Flocken- und feines Lebendfutter.

**Abb. 9.19 A–C.** »Neons« (Fam. Characidae – Amerikanische Salmler), kleine Fische um 4 cm. Herkunft: Amazonasgebiet, heute handelt es sich um Nachzuchten (außer **C**); sie sind Allesfresser und lieben Wasser von 24 °C (pH 5,8). **A.** *Paracheirodon* (syn. *Hyphessobrycon*) *innesi* – Neontetra, Neonfisch, Neonsalmler. **B.** *Hyphessobrycon herbertaxelrodi* – Schwarzer Flaggensalmler, Schwarzer Neon. **C.** *Paracheirodon axelrodi* – Roter Neon, Kardinaltetra.

**9.20**

**9.21**

**Abb. 9.20.** Rotaugen – Moenkhausia (*Moenkhausia sanctaefilomenae*, Fam. Characidae – Amerik. Salmler). Vorkommen: Paraguay – Westbrasilien, heute Nachzuchten; wird bis 7 cm lang, Wassertemperatur 22–26 °C (pH 5,5–8,5), frißt alles.

**Abb. 9.21.** Roter von Rio (oben, Erläuterung s. S. 144). Unten: Roter Phantomsalmler (*Megalamphodus sweglesi*, Fam. Characidae – Amerik. Salmler). Vorkommen: Zentralbrasilien, heute Nachzuchten; erreicht eine Länge von 4,5 cm, bevorzugt Wassertemperaturen von 22–28 °C (pH 6,0–7,5), frißt Flocken- und Lebendfutter.

9.22

9.23

**Abb. 9.22.** Schmucksalmler (*Hyphessobrycon bentosi*, Fam. Characidae – Amerik. Salmler). Vorkommen: unterer Amazonas, heute Nachzuchten aus Asien; wird bis 4 cm lang, bevorzugt Temperaturen von 24–28 °C (pH 5,8–7,5), frißt Trocken- und Lebendfutter.

**Abb. 9.23.** Karfunkelsalmler (*Hemigrammus pulcher*, Fam. Characidae – Amerik. Salmler). Vorkommen: Amazonas, heute Nachzuchten; wird bis 4,5 cm lang, bevorzugt Wasser von 23–27 °C (pH 6,0), frißt Trocken- und Lebendfutter.

9.24

9.25

9.26

**Abb. 9.24.** Kaisertetra (*Nematobrycon palmeri*, Fam. Characidae – Amerik. Salmler). Vorkommen: Westkolumbien (Nachzuchten); wird bis 5 cm lang, optimale Haltung bei 23–27 °C (pH 5–7,8), frißt Flokken- und Lebendfutter.

**Abb. 9.25.** Prachtschmerle (*Botia macracanthus*, Fam. Cobitidae – Schmerlenartige); Vorkommen: Südostasien, Indonesien, Sumatra, Borneo; wird bis 30 cm lang; Temperaturoptimum 25–30 °C (pH ca. 7,0); ist Allesfresser.

**Abb. 9.26.** Geflecktes Dornauge (*Acanthophthalmus kuhlii*, Fam. Cobitidae – Schmerlenartige). Vorkommen: Südostasien (Importe); wird bis 12 cm lang, Wassertemperatur 24–30 °C (pH 6,0), frißt Lebendfutter (nachts!).

9.27

9.28

**Abb. 9.27.** Tapirfisch, Elefanten-Rüsselfisch (*Gnathonemus petersii*, Fam. Mormyridae – Nilhechte – Echte Knochenfische). Vorkommen: West- und Zentralafrika (Importe); wird bis 23 cm lang, Temperaturoptimum bei 22–28 °C (pH 6–7), frißt Lebend- und Trockenfutter (nachtaktiv!).

**Abb. 9.28.** Afrik. Schmetterlingsbuntbarsch (*Anomalochromis thomasi*, Fam. Cichlidae – Buntbarsche). Herkunft: Westafrika; Männchen werden bis 10 cm lang, Weibchen bis 7 cm; Wasseroptimum bei 23–27 °C (pH 6,5); Futter: Lebend- und Flockenfutter.

9.29

9.30

**Abb. 9.29, 9.30.** Diskus (*Symphysodon aequifasciatus*, Fam. Cichlidae – Buntbarsche), wird bis 15 cm lang. Herkunft: Amazonas; frißt Lebendfutter und liebt Wasser von 26–30 °C bei einem pH-Wert von 6–6,5. Der untere Fisch zeigt eine Schreckfärbung im Ansatz.

9.31

9.32

**Abb. 9.31.** Indischer Glaswels (*Kryptopterus bicirrhis*, Fam. Schilbeidae – Glaswelse). Vorkommen: Südostasien; bevorzugt Süßwasser von 21–26 °C (pH 6,8–7,5), wird bis 15 cm lang und frißt feines Lebend- und Trockenfutter.

**Abb. 9.32.** Schwarzbinden-Panzerwels (*Corydoras melanistus*, Fam. Callichthyidae – Schwielenwelse). Vorkommen: Guayana; wird bis 6 cm lang, bevorzugt Süßwasser von 22–26 °C (pH 6–8), ist Allesfresser.

9.33

9.34

**Abb. 9.33.** Schwarzrücken-Panzerwels (*Corydoras metae*, Fam. Callichthyidae – Schwielenwelse). Vorkommen: Rio Meta – Kolumbien, heute Nachzuchten; wird bis 5,5 cm lang, Haltung in Süßwasser bei 22–26 °C (pH 6–7,5), ist Allesfresser.

**Abb. 9.34.** Saugwels, Antennenwels (*Ancistrus* sp., Fam. Loricariidae – Welse). Vorkommen: oberer Amazonas, (heute Nachzuchten); wird bis 13 cm lang, liebt Temperaturen von 23–27 °C (pH 6,5–7,0), frißt Algen und Trockenfutter.

9.35

9.36

**Abb. 9.35.** Mosaikfadenfisch (*Trichogaster leeri*, Fam. Belontiidae – Kletterfische). Vorkommen: ursprünglich Südostasien; wird bis 12 cm lang, liebt Süßwasser von 24–28 °C (pH 6,5–8,5) und ist Allesfresser.

**Abb. 9.36.** Zwergfadenfisch (*Colisa lalia*, Fam. Belontiidae – Kletterfische). Vorkommen: ursprünglich Gangesgebiet, heute Nachzuchten; wird bis max. 5 cm lang, liebt Süßwasser von 22–28 °C (pH 7,0) und ist Allesfresser.

**Abb. 9.37.** Blauer Fadenfisch, Blauer Gurami (*Trichogaster trichopterus*, Fam. Belontiidae – Kletterfische). Vorkommen: Südostasien, heute Nachzuchten; wird bis 10 cm lang, Haltung in Süßwasser von 22–28 °C (pH 6,0–8,8) und ist Allesfresser.

**Abb. 9.38.** Kampffisch-Weibchen (*Betta splendens*, Fam. Belontiidae – Kletterfische). Vorkommen ursprünglich Thailand, heute Nachzuchten; wird bis 7 cm lang und liebt Süßwasser von 24–30 °C (pH 6–8); Nahrung: Lebend- und Flockenfutter.

## 9.2 Salzwasserfische

**Abb. 9.39.** Zwergfeuerfisch (*Dendrochirus brachypterus*, Fam. Scorpaenidae – Skorpionsfische). Vorkommen: Indischer und Pazifischer Ozean (nahverwandte Arten zusätzlich im Roten Meer); wird bis 14 cm groß und besitzt giftige Stacheln in der Brust- und Rückenflosse. Wassertemperatur: 25–26 °C (pH 8,0–8,3). Futter: Kleinere Fische, am besten Guppies. Alle Feuerfische sind Raubfische und auch starke Fresser. Sie stehen ruhig im Wasser oder »sitzen« auf der Dekoration, von wo sie Beute mit ruckartigem Schwimmen – die Brustflossen werden dabei netzartig ausgebreitet – erjagen. Beim Öffnen des Maules wird ein starker Sog erzeugt, der die Beute einsaugt. Die Gewöhnung der Fische an zurechtgeschnittene Fleischstücke ist möglich; diese sollten aufgespießt auf dünne Holzstäbchen vor dem Kopf des Fisches bewegt werden.

9.40

9.41

**Abb. 9.40.** Orangepunkt-Feilenfisch (*Oxymonacanthus longirostris*, Fam. Monacanthidae – Feilenfische). Vorkommen: Rotes Meer, Indischer und Westpazifischer Ozean (Importe); wird bis 10 cm lang bei 25–26 °C (pH 8,0–8,3). Futter: Spezialisten! Suchen Kleinstnahrung zwischen Korallenstöcken u.ä. Am besten einen »lebenden Stein« ins Aquarium einbringen oder Korallen mit Muskelfleisch o.ä. spicken. Normalverhalten nur im Schwarm, daher am besten mehrere Tiere zulegen.

**Abb. 9.41.** Fahnenbarsch (*Anthias squamipinnis*, U.Fam. Anthiinae – Fahnenbarsche). Vorkommen: östliche trop. Korallenriffe (bis Indopazifik): wird bis 12 cm lang, bevorzugt eine Wassertemperatur von 25–26 °C (pH 8,0–8,3), frißt im Aquarium größere Artemien. Bei diesem Individuum haben Monogeneen (s.S. 64) die Schwanzflosse weitgehend abgefressen.

9.42

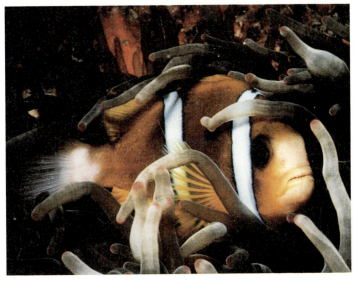

9.43

**Abb. 9.42.** Blaugrüner Schwalbenschwanz (*Chromis caeruleus*, Fam. Pomacentridae – Riffbarsche); Schwarmfische. Vorkommen: trop. Meere; wird bis 15 cm lang, bevorzugt Temperaturen von 25–26 °C (pH 8,0–8,3), liebt kleinteilige Gemischtkost.

**Abb. 9.43.** Anemonenfisch (*Amphiprion ocellaris*, Fam. Pomacentridae – Riffbarsche). Vorkommen: Trop. Meere, Rotes Meer, Tahiti (Importe); wird bis 10 cm lang, Haltung bei 25 °C (pH 8,0–8,3), lebt in Symbiose mit einer bestimmten Anemone, frißt Plankton.

9.44

9.45

**Abb. 9.44.** Weißbinden-Glühkohlenfisch (*Amphiprion frenatus*, Fam. Pomacentridae – Riffbarsche). Lebensweise, Vorkommen und Futter s. Abb. 9.43).

**Abb. 9.45.** Palettendoktorfisch im Schwarm (*Paracanthus hepatus*, Fam. Acanthuridae – Doktorfische). Vorkommen: trop. Meere, Indopazifik, Samoa; wird bis 25 cm lang, optimale Wassertemperatur bei 25–26 °C (pH 8,0–8,3), frißt Algen, aber auch Bodentierchen (Würmer, Krebse).

**9.46**

**9.47**

**Abb. 9.46.** Rotschwanz-Hawaii-Doktorfisch (*Acanthurus achilles*, Fam. Acanthuridae – Doktorfische). Vorkommen: Hawaii-Inseln, weite Bereiche der Südsee (Importe); sie werden bis 24 cm (im Handel erhältlich: 8–14 cm), lieben Salzwasser von 25–26 °C (pH 8,0–8,3) und fressen Gemischtfutter, legen aber besonderen Wert auf Abwechslung. Jungtiere besitzen noch nicht den orangefarbigen Fleck!

**Abb. 9.47.** Schwalbenschwanzdoktorfisch (*Acanthurus dussumieri*, Fam. Acanthuridae – Doktorfische). Vorkommen: trop. Meere bei etwa 25 °C (pH 8,0–8,3) von Ostafrika bis Australien, auch Hawaii; wird bis 40 cm lang. Futter: s. andere Doktorfische (Abb. 9.45).

**Abb. 9.48.** Schläfergrundel (*Horcolat purpureus*, Fam. Microdesmidae – Wurmfische). Vorkommen: Indo-Pazifik; wird bis 10 cm lang, Haltung bei 25–26 °C (pH 8,0–8,3), Planktonfresser.

# 10 Literaturhinweise

Bauer R (1991) Erkrankungen der Aquarienfische. Parey Verlag, Berlin und Hamburg
Carcasson RH (1977) Coral Reef Fishes. Collins Inc London
De Puytorac P, Grain J, Mignot JP (1987) Précis de Protistologie. Editions Boubée, Paris
Drews R (1992) Mikroskopieren als Hobby. Falken Verlag, Niedernhausen
Eichler D (1991) Tropische Meerestiere. BLV-Verlag, München
Frickhinger KA (1987) Gesund wie der Fisch im Wasser? Tetra-Werke, Melle
Grell KG (1973) Protozoology. Springer, Heidelberg
Hausmann K (1985) Protozoologie. Thieme Verlag, Stuttgart
Mayland HJ (1975) Korallenfische und niedere Tiere. Landbuch Verlag, Hannover
Mehlhorn H (Ed.) (1988) Parasitology in Focus. Springer Verlag, Heidelberg
Mehlhorn H, Piekarski G (1989) Grundriß der Parasitenkunde, 3. Aufl. G Fischer Verlag, Stuttgart
Mehlhorn H, Ruthmann A (1992) Allgemeine Protozoologie. G Fischer, Jena
Mehlhorn H, Schmahl G, Haberkorn A (1988) Toltrazuril effective against a broad spectrum of protozoan parasites. Parasitology Research 75:64–66
Mehlhorn H, Düwel D, Raether, W (1992) Diagnose und Therapie der Parasiten von Haus-, Nutz- und Heimtieren, 2. Aufl. G Fischer Verlag, Stuttgart
Mehlhorn B, Mehlhorn H (1992) Zecken, Milben, Fliegen, Schaben, 2. Aufl. Springer, Heidelberg

Möller H, Anders K (1983) Krankheiten und Parasiten der Meeresfische, Möller Verlag, Kiel
Paysan K (1971) Zierfische – mein Hobby. Humboldt-Taschenbuch Verlag, Stuttgart
Reichenbach-Klinke HH (1975) Bestimmungsschlüssel zur Diagnose von Fischkrankheiten. G Fischer Verlag, Stuttgart
Reichenbach-Klinke HH (1980) Krankheiten und Schädigungen der Fische. G Fischer Verlag, Stuttgart
Riehl R, Baensch HA (1987) Aquarien-Atlas, Mergus-Verlag, Melle
Schäperclaus W (1979) Fischkrankheiten, Teil II. Akademie Verlag, Berlin
Schmahl G (1989) Risiken in der Zierfischtherapie und Problematik der Entwicklung neuer Präparate. Diskus Brief 4:84–86
Schmahl G (1990) Praziquantel gegen Kiemenwürmer und andere Parasiten. Diskus Brief 5:74–76
Schmahl G, Mehlhorn H (1985) Praziquantel effective against Monogenea. Zeitschrift für Parasitenkunde 71:727–737
Schmahl G, Taraschewski H (1987) Effects of Praziquantel, Niclosamide, Levamisole-HCl, and Metrifonate on Monogenea (*Gyrodactylus aculeati, Diplozoon paradoxum*). Parasitology Research 73:341–351
Schmahl G, Mehlhorn H, Haberkorn A (1988) Sym. triazinone (toltrazuril) effective against fish-parasitizing Monogenea. Parasitology Research 75:67–68
Schmahl G, Taraschewski H, Mehlhorn H (1989) Chemotherapy of fish parasites. Parasitology Research 75:503–311
Schmahl G Ruider S, Mehlhorn H, Schmidt H, Ritter G (1992) Treatment of fish parasites: IX. Effects of a medicated food containing malachite green on *Ichthyophthirius multifiliis*. Parasitology Reseach 78:183–192
Schubert G (1988) Krankheiten der Fische. Frankh'sche Verlagsbuchhandlung, Stuttgart
Taraschewski H (1988) Acanthocephala. In: Mehlhorn H (Ed.) Parasitology in Focus. Springer, Heidelberg
Taraschewski H, Mehlhorn H, Raether W (1990) Loperamid, an efficacious drug against fish pathogenic acanthocephalans. Parasitology Research 76:619–623
Teufel R (1989) Die Diskuslochkrankheit. Diskus Brief 4:88–90
Teufel R (1990) *Ichthyophthirius multifiliis*. Diskus-Brief 5:83–87
Teufel R (1991) *Oodinium*, die Samtkrankheit. Diskus Brief 6:19–20

# 11 Sachverzeichnis

**A**
Acanthamoeben 102
Acanthophthalmus kuhlii 154
Acanthor 117
Acanthuridae 138
Acanthurus 57
– achilles 165
– dussumieri 165
Aeromonas 14, 28
afrik. Salmler 137, 150
afrik. Schmetterlingsbuntbarsch 155
Alaunwasser 24
Alestidae 137
am. Salmler 137, 150–153
Amoeben 102, 127
Amoebiasis 103
Amphiprion frenatus 164
Amphiprion ocellaris 163
Amphiprioninae 138
Amyloodinium 37
Anabantidae 138
Ancistrus 158
Anemonenfische 138, 163
Anguillicola 76
Anomalochromis thomasi 155
Antennenwelse 138, 158
Anthias squamipinnis 162
Anthiinae 138
Antibiotika 14
Aphyosemion australe 141
Aphyosemion sjoestedtii 141
Apiosoma 48
Aporocotyle 124
Argulus 12, 82
Arrenurus 92
Askariden 115
Asseln 89, 90
Augenfleck 38
Augenwurmbefall 95

**B**
Bactrim 15
Badetherapie 96
Bakterien 12, 14, 27
Bandwürmer 12, 109
Bandwurmlarven 120
Barbus 130
– conchonius 147
Barsche 80
Baycox® 105
Baytril® 16
Befallsmodus 3
Bekämpfungsmaßnahmen 30
Belontiidae 138
Bencdenia 67
Bestimmungsschlüssel 19, 33, 97
Betta splendens 160
Black Molly 146

blauer Fächerfisch 140
blauer Fadenfisch 160
blauer Gurami 160
blauer Kongosalmler 150
blauer Prachtkärpfling 141
blaugrüner Schwalbenschwanz 163
Blenniidae 138
Blindheit 55
Blutegel 78
Bothriocephalus 109, 111
Botia macranthus 154
Brachydanio 130
– rerio 147
Bucephalus 70
Buntbarsche 138, 155, 156
bunter Prachtkärpfling 141

**C**

Callichthyidae 137
Camallanus 12, 72, 113
Candida 29
Capillaria 113
Carassius 130
– auratus 149
Caryophyllaeus 12, 109, 110
Cercarien 69, 70, 71, 94, 108
Characidae 137
Chilodonella 12, 45
Chinin 124
Chlamydien 16
Choralhydrat 21
Chromis caeruleus 163
Cichlidae 138
Ciliaten 43, 48
Clitellum 78
Clont® 100, 122
Coccidien 103
Coccidiose 105
Coccidiostatika 105
Colisa lalia 159
Columnaris-Erkrankung 15
Concurat®-L 75, 77, 114

ContraIck® 40, 45, 50, 54
Copepoda 85
Copepoden 86, 89
Copepodit 88
Coracidium 111
Corydoras melanistus 157
Corydoras metae 158
Costia 35
Cotrimoxazol 28
Cryptocaryon 55, 93
Cryptocaryon-Befall 57
Crystallospora 103
Cynolebias bellottii 140
Cyprinidae 137
Cyprinodontidae 138
Cyprinus carpio 148
Cystacanth 117
Cysten 47, 60, 98, 101
Cystidicola 128

**D**

Dactylogyrus 64
Dendrochirus brachypterus 161
Dermatitis 29
Desinfektion 25
Diagnose 30
Diagnoseschlüssel 33
Differentialdiagnose 11
Dinoflagellaten 41
Diplostomum 95
Diplozoon 64, 65
Diskus 17, 93, 156
Diskus-Fische 116
Diskusparasit 100
Doktorfische 138, 164, 165
Drachenwürmer 76, 127, 128
Drancunculiden 128
Droncit® 68, 70, 72, 96, 108, 111, 112, 126

**E**

echte Barsche 138
echte Neonkrankheit 131

Egel 78, 121, 122
eierlegende Zahnkarpfen 138–141
Eimeria 12, 103, 127
Ektoparasiten 1
Elefanten-Rüsselfisch 155
Endoparasiten 1
Entamoeba 102
Enterobacteriaceae 12
Epalzeorhynchus bicolor 149
Epieimeria 103
Epistylis 48
Erblindung 93, 95
Ergasilidae 85, 88
Exophthalmus 93

**F**
Fächerschwanzguppy 142
Fadenwürmer 72, 113, 128
Fahnenbarsche 138, 162
falsche Neonkrankheit 15, 28
Feilenfische 138, 162
Fenbendazol 75, 114
Feuerfische 138
Feuerschwanz-Fransenlipper 149
Fischegel 78
Fischtuberkulose 15
Flagyl® 100, 122
Flexibacter 15
Flossenfäule 15
formolhaltige Lösung 18
Fräskopfwurm 72
Furcocercarien 126
Furunkulose 14, 15
Futtermittelzusatz 37
Futterzusatz 39

**G**
Gasterosteidae 138
Gasterosteus aculeatus 59
geflecktes Dornauge 154
Geiseltierchen 35

Generationswechsel 94
Giftigkeit 18
Giftstachel 82
Glaswelse 137, 157
Glossatella 48
Glotzauge 93, 95, 96
Gnathonemus petersii 155
Gobiidae 138
Goldfisch 130, 149
Goussia 103, 127
Grieskörnchenkrankheit 50, 53
Größenvergleich 12
Grundeln 138
Guppy 143
Gyrodactylus 12, 64, 65

**H**
Haarwürmer 113
Harnischwelse 138
Hasemania 130
Hautciliaten 43
Hautdellen 99
Hautpilze 17
Hauttrübung 47
Hautwürmer 64
Hemigrammus 130
– bleheri 150
– pulcher 153
Henneguya 62
herzförmiger Hauttrüber 45
Heterophyes 70
Hexamita 12, 98
Horcolat purpureus 166
Hornhauttrübung 55, 95
Hüpferlinge 85
Hyphenbildung 17
Hyphessobrycon 130, 151
– bentosi 153
– herbertaxelrodi 151

**I**
Ichthyobodo 12, 35
Ichthyophonus 12, 17, 18

Ichthyophthirius 12, 29, 50, 93
Imodium® 118
indischer Glaswels 157
Initialkörper 16
Isopoda 89

**J**
Juckreiz 44

**K**
Kaisertetra 154
Kaliumpermanganat 25, 45
Kampffisch-Weibchen 160
Karausche 149
Kardinaltetra 151
Karfunkelsalmler 153
Karpfenartige 147, 149
Karpfenfische 137
Karpfenläuse 81, 121, 122
Keilfleckbärbling 148
Kiementrübung 36
Kiemenwürmer 64
Killifische 139–141
kleiner Hauttrüber 35
Kletterfische 138, 159, 160
KMnO4 26
Knochenfische 137
Knötchen 94, 105
Kochsalz 45, 48
Kochsalzlösung 25
Kofferfische 138
Koi-Zierkarpfen 148
Konjugation 43
Korallenfischkrankheit 38
Kratzer 116, 119
Krebse 81
Kryptopterus bicirrhis 157
Kugelfische 138

**L**
Larve 92
LDV 13

lebendgebärende Zahnkarpfen 138, 142, 143, 146
Lebistes reticulatus 142
Lernaea 87
Lernaeidae 86, 88
Levamisol 75, 114
Ligula 119
Lippfisch 90
Lochkrankheit 98
Loperamid 118
Loricariidae 138
Lymnaea 94, 125
Lymphocystis 12, 13

**M**
Madenwürmer 115
Makronukleus 51
Masoten® 45, 85, 89, 91
Medizinalbad 30, 37, 39, 40, 48, 50, 54, 84, 100, 103
Medizinalfutter 45, 48, 50, 54
medizinisches Bad 45
Megalamphodus sweglise 152
Metacercarien 70, 71, 93, 94, 119, 133
Methylenblau 18, 37, 45, 48
Metronidazol 122
Microdesmidae 138
Mikrosporidien 12, 59, 106, 128, 130
Mikrosporidien-Beulen 59
Miracidien 70
Moenkhausia sanctaefilomenae 152
Monacathidae 138
Monogenea 64
Mormyridae 137
Mosaikfadenfisch 159
MOTT 28
Mycobacterium 15
Mykobakterien 28
Mykosen 16, 29
Myxidium 62

Myxobilatus 61
Myxobolus 61, 62, 134
Myxosporidien 132
Myxozoa 60, 107, 128, 132

**N**
Narkose 21
Nauplius 85, 86
Nelkenwurmkrankheit 110
Nematobrycon palmeri 154
Nematoden 72, 119
Neon-Fisch 47, 151
Neons 131, 151
Neonsalmler 151
Neontetra 151
Nilhechte 137, 155
Nocardia 15, 28
Nothobranchius 139
Nymphe 91

**O**
Octomitus 98
Oncomiracidium 64, 67
Oocyste 104
Oodinium 37
Oodinoides 41
Orangepunkt-Feilenfisch 162
Ostraciidae 138
Oxymonacanthus longirostris 162
Oxyuriden 115

**P**
Palettendoktorfisch 164
Panacur® 75, 77, 114
Paracanthus hepatus 164
Paracheirodon 130, 151
– axelrodi 151
Parasiten 18, 29
Peocilia 142
Percidae 138
Phenacogrammus interruptus 150

Philometra 76
Philometroides 76
Pigmentanhäufung 71
Pilze 16, 29
Pirmelodidae 138
Piscicola 12
– geometra 78
Piscinoodinium 39
Platy 145
Pleistophora 130
Plerocercoide 119
Poecilia sphenops 146
Poecilia velifera 146
Poeciliidae 138
Polfaden 130
Polkapseln 62, 130
Pomacentridae 138
Posthodiplostomum 70, 95
Prachtbarbe 147
Prachtgrundkärpflinge 139
Prachtschmerle 154
Praziquantel 68, 111, 112, 126
Proglottiden 112
Prophylaxe 23
Protoopalina 100
Pseudomonas 15
Ptereleotrinae 138
Pteroinae 138

**Q**
Quarantäne 23, 30, 39, 54, 95, 105, 108, 116, 132

**R**
Rasbora heteromorpha 148
Resistenzen 14
Riemenwürmer 119
Riffbarsche 138, 163, 164
Ringelwürmer 78
Rosthaut 38
Rotaugen 152
roter Neon 51, 151

**173**

roter Phantomsalmler 152
Roter von Rio 152
Rotkopfsalmler 150
Rotschwanz-Hawaii-Doktorfisch 57, 165
Rückratverkrümmung 75

**S**
Sacox® 105
Saisonfisch 139
Salzwasserfische 161
Samthaut 38
Sanguinicola 124
Saprolegniaceae 17
Sarcomastigophora 100
Saugwels 158
Saugwürmer 107, 124
Saugwurmlarven 94
Schädigungen 2
Schilbeidae 137
Schistocephalus 119
Schläfergrundeln 138, 166
Schleimfische 138
Schmerlenartige 154
Schmucksalmler 153
Schuppenegel 69
Schuppenwurm 68
Schwalbenschwanzdoktorfisch 165
Schwärmer 29, 50, 50, 52, 56
Schwarzbinden-Panzerwels 157
schwarzer Flaggensalmler 151
schwarzer Neon 151
Schwarzfleckenkrankheit 70
Schwarzrücken-Panzerwels 158
Schwertträger 143, 144
Schwielenwelse 137, 157, 158
Schwimmblase 76
Seewasser-Ichthyo 55
Segelkärpfling 146
Sekundärinfektion 44, 66, 80
Serranidae 138
Skalar 93

Skorpionsfische 161
Spiegelkärpfling 145
Spinnentiere 91
Spironecleus 98
Sporen 60, 62, 131
Sporocysten 104, 126
Sporoplasma 60
Sporozoiten 104
Stäbchenkrankheit 87
Stichlinge 59, 138
Stieda-Körper 104
Stilett 82
Störungen des Allgemeinbefindens 5
Streß 25
Sulfonamide 28
Süßwasserfische 139
Symphysodon aequifasciatus 156
System 137

**T**
Tapirfisch 155
Tetra-MediSticks 37, 39, 45, 54
Tetrahymena 57
Tetraodontidae 138
Thelohanellus 62
Tomit 50
Transversotrema 68
Triactinomyxon 134
Triazinone 63, 132
Tricain 21
Trichodina 42
Trichodinose 43
Trichogaster 159
– trichoperus 160
Trophozoit 52, 56
Trypanoplasma 78, 127
Trypanosoma 120
Tubifex 110, 134
Twaitia 76
Tylodelphys 95

**U**
Übertragungswege  3
Umsetzmethode  54
UV-Bestrahlung  54, 63
UV-Licht  23

**V**
Vibrio  15, 28
Vibrionaceae  28
Viren  13, 27
Vitamin B  100
Vitaminmangel  93

**W**
Wassermilben  91
Wassertemperatur  24
Wasserwechsel  93
Weißbinden-Glühkohlenfisch  164
Weißpünktchenkrankheit  53
Welse  158
Würmer  64
Wurmfische  138, 166
Wurmlarven  133, 136
Wurmstar  93

**X**
Xenom  130
Xiphophorus  130
– helleri  143
– maculatus  145

**Z**
Zebrabärbling  147
Zoea  89
Zwergfadenfisch  159
Zwergfeuerfisch  161

# Springer-Verlag und Umwelt

Als internationaler wissenschaftlicher Verlag sind wir uns unserer besonderen Verpflichtung der Umwelt gegenüber bewußt und beziehen umweltorientierte Grundsätze in Unternehmensentscheidungen mit ein.

Von unseren Geschäftspartnern (Druckereien, Papierfabriken, Verpackungsherstellern usw.) verlangen wir, daß sie sowohl beim Herstellungsprozeß selbst als auch beim Einsatz der zur Verwendung kommenden Materialien ökologische Gesichtspunkte berücksichtigen.

Das für dieses Buch verwendete Papier ist aus chlorfrei bzw. chlorarm hergestelltem Zellstoff gefertigt und im ph-Wert neutral.